别让太较真儿误了你

思履 编著

吉林文史出版社
JILIN WENSHI CHUBANSHE

图书在版编目（CIP）数据

别让太较真儿误了你 / 思履编著. -- 长春 : 吉林文史出版社,
2018.11（2019.8重印）

ISBN 978-7-5472-5700-5

Ⅰ.①别⋯ Ⅱ.①思⋯ Ⅲ.①人生哲学-通俗读物Ⅳ.①B848.4-49

中国版本图书馆CIP数据核字(2018)第258941号

别让太较真儿误了你

出 版 人　孙建军
编著者　思　履
责任编辑　弭 兰　杨　卓
封面设计　韩立强
出版发行　吉林文史出版社有限责任公司
地　　址　长春市人民大街4646号
网　　址　www.jlws.com.cn
印　　刷　天津海德伟业印务有限公司
版　　次　2018年11月第1版　2019年8月第2次印刷
开　　本　880mm×1230mm　　1/32
字　　数　208千
印　　张　8
书　　号　ISBN 978-7-5472-5700-5
定　　价　38.00元

前 言

    人生就像一场五彩斑斓的梦，充满了对美好明天的向往；人生仿佛是一次探险之旅，旅途中充满了惊喜，也布满了荆棘；人生又是一场竞争激烈的马拉松比赛，终归要决出个胜负……这便是人生，有苦也有甜，有喜就有悲。生活总是变幻莫测，让我们捉摸不透，然而，我们又不得不去面对生活赋予我们的一切。有些事，如梦中花，开了又谢；有些事，如山中雾，聚了又散。纵使心中有千万个不舍，但我们知道，我们尝试过了、努力过了，这便已足够。得与失、成与败，不在于客观存在的好坏，全在我们自己的心。人生本无所谓输赢，只有太较真儿，才让你真正地输了。

    "日出东方落西山，愁也一天，喜也一天；遇事不钻牛角尖，身也舒坦，心也舒坦。"遇事不钻牛角尖，就是不较真儿。不较真儿的人能事事从大局出发，从小处着手，从大处结局；不较真儿的人凡事不与人斤斤计较，能将心胸放开；不较真儿的人对别人会多一些宽容与包容，多一些谅解与理解；不较真儿的人不执着于事，懂得变通，遇到拐角会转弯；不较真儿的人善取会舍，能屈能伸，能将心中仇恨放下，能多一些感恩……试想，如果我们事事较真儿，眼睛里容不得半粒沙子，太过于挑剔，什么事都论个是非曲直，得

1

理不饶人，那身边的朋友或家人都会躲得远远的，只剩下你一个孤家寡人，这样的生活又有什么意义呢？所以，不较真儿是处世的大智慧，是一种以博大的胸怀为基础的智慧。只有不较真儿，才能在善待他人的同时也成全自己。

对待朋友，不必太较真儿。金无足赤，人无完人，既欣赏朋友的长处，也悦纳朋友的缺点。

对待爱人，不必太较真儿。爱情就像一把抓在手中的沙子，当你抓得越紧就会流失得越多，你只松松地捧着，它却完整地在那里。

对待敌人，不必太较真儿。站在你对立面的那个人不是你的地狱，而是你的福祉，是他的竞争推动了你的成功。

对待身边所有的人，都不必太较真儿。花有百种香，人有百种样。百花齐放才成花园，芸芸众生始成人间。成就了别人，也就成就了自己。

对待烦恼，不必太较真儿。烦恼自来自去，何必多烦忧。宠辱不惊，闲看庭前花开花落；去留无意，漫随天外云卷云舒。

对待失败，不必太较真儿。没有光明征服不了的黑暗，也没有无尽头的曲折路。

长镜头看烦恼，特写看幸福，时时不较真儿，才不枉费这短暂的人生。什么时候用长镜头，什么时候给特写，摄影是一门学问；什么事情该较真儿，什么事情得看开，做人更是一门学问。

不较真儿是一双深邃慧眼。世界在近处，自己在远处，把渺小的自己放在博大的世界中，还有什么放不下，还有什么看不开。

不较真儿是一种心灵状态。心旷为福门，心狭为祸根。心窄了，阳光大道也变成了逼仄的陋巷，有福也被挤了出去。

不较真儿是一门处世哲学。世事如品杯中茶，有苦涩才有清香；人生如杯中茶叶，水中沉浮皆有滋味。

　　不较真儿是一种为人智慧。愁肠百结，梨花带雨，不免伤心劳神，莫不如放宽心，随缘任运，糊里糊涂，吃得小亏，享得大福。

　　如果说生命中的痛苦是无法自控的，那么我们唯有改变自己对事实的看法，通过内心的调整去适应、去承受必须经历的苦难，才能获得人生的愉悦。

　　本书将教会读者如何以不较真儿的心态去对待幸福、爱情、金钱、欲望、名利、权力、心态、苦难、失败、生活、健康、生命、快乐、工作等方方面面的人生问题。一个人有了海阔天空的心境和虚怀若谷的胸怀，就能自信达观地笑对人生的种种困难和逆境，并从中解脱出来，视世间的千般烦恼、万种忧愁如过眼烟云，不为功名利禄所缚，不为得失荣辱所累，就能以不较真儿的大度去容忍别人和容纳自己，遇事想得开、拿得起、放得下，得之淡然，失之泰然。

目　录

第一章　太较真儿，你就输了

第二章　人生苦短，不要太计较

第三章 面对现实，要有一颗平常心

第四章 宠辱不惊，名利不过是过眼烟云

第五章 得之坦然，失之淡然

第九章　不做"气死牛"，人生要适时变通

第十章　不生气，别跟自己过不去

第十一章　改变不了世界，就改变自己

第十二章　莫苛求，世上没有绝对的完美

第十三章　上善若水，水善利万物而不争

第一章

太较真儿，你就输了

有些事不能太较真儿

有一句著名的话叫作"唯大英雄能本色"，做人在总体上、大方向上讲原则，讲规矩，但也不排除在特定的条件下灵活变通。

一件事情是否该认真，这要视场合而定。钻研学问要讲究认真，面对大是大非的问题更要讲究认真。而对于一些无关大局的琐事，不必太认真。不看对象、不分地点刻板地认真，往往使自己处于尴尬的境地，处处被动受阻。每当这时，如果能理智地后退一步，往往能化险为夷。

"海纳百川，有容乃大。"与人相处，你敬我一尺，我敬你一丈；有一分退让，就有一分收益。相反，存一分骄躁，就多一分挫败；占一分便宜，就招一次灾祸。

当您心胸开朗、神情自若的时候，对于那些蝇营狗苟、一副小家子气的人，就会觉得他的表演实在可笑。但是，凡人都有自尊心，有的人自尊心特别强烈和敏感，因而也就特别脆弱，稍有刺激就有反应，轻则板起脸孔，重则马上还击，结果常常是为了争面子反而没面子。多一点儿宽容退让之心，我们的路就会越走越宽，朋友也就越交越多了，生活也会更加甜美。所以，要想成为一个成功的人，我们千万不能处处斤斤计较。

许多非原则的事情不必过分纠缠计较，凡事都较真儿常会得罪人，给自己多设置一条障碍。鸡毛蒜皮的繁琐无须认真，无关大局的枝节无须认真，剑拔弩张的僵持则更不能认真。

为了有效避免不必要的争论和较真儿，我们大致可以从以下几个方面做起：

1. 欢迎不同的意见

当你与别人的意见始终不能统一的时候，这时就要求舍弃其中之一。人的脑力是有限的，有些方面不可能完全想到，因而别人的意见是从另外一个人的角度提出的，总有些可取之处，或者比自己的更好。这时你就应该冷静地思考，或两者互补，或择其善者。如果采取的是别人的意见，就应该衷心感谢对方，因为有可能此意见使你避开了一个重大的错误，甚至奠定了你一生成功的基础。

2. 不要相信直觉

每个人都不愿意听到与自己不同的声音。当别人提出与你不同的意见时，你的第一反应是要自卫，为自己的意见进行辩护并竭力去寻找根据，这完全没有必要。这时你要平心静气地、公平谨慎地对待两种观点（包括你自己的），并时刻提防你的直觉（自卫意识）对你作出正确抉择的影响。值得一提的是，有的人脾气不好，听不得反对意见，一听见就会暴躁起来。这时就应控制自己的脾气，让别人陈述观点，不然，就未免气量太小了。

3. 耐心把话听完

每次对方提出一个不同的观点，不能只听一点儿就开始发作了，要让别人有说话的机会。一是尊重对方，二是让自己更多地了解对方的观点，以判断此观点是否可取，努力建立了解的桥梁，使双方都完全知道对方的意思，不要弄巧成拙。否则的话，只会增加彼此沟通的障碍和困难，加深双方的误解。

4. 仔细考虑反对者的意见

在听完对方的话后，首先想的就是去找你同意的意见，看是否有相同之处。如果对方提出的观点是正确的，则应放弃自己的观点，而考虑采取他们的意见。一味地坚持己见，只会使自己处于尴尬境地。

5. 真诚对待他人

如果对方的观点是正确的，就应该积极地采纳，并主动指出自己观点的不足和错误的地方。这样做，有助于解除反对者的"武装"，减少他们的防卫，同时也缓和了气氛。

做人不可过于执着

宋代大文学家苏东坡善作带有禅境的诗，曾写一句："人似秋鸿来有信，事如春梦了无痕。"这两句诗充分地将佛理中的"无常"现象告诉世人。南怀瑾对苏轼这首诗的解释非常有趣："人似秋鸿来有信"，即苏东坡要到乡下去喝酒，去年去了一个地方，答应了今年再来，果然来了；"事如春梦了无痕"，意思是一切的事情过了，像春天的梦一样，人到了春天爱睡觉，睡多了就梦多，梦醒了，梦留不住也无痕迹。

人生本来如大梦，一切事情过去就过去了，如江水东流一去不回头。老年人常回忆，想当年我如何如何……那真是自寻烦恼，因为一切事不能回头的，像春梦一样了无痕。

人世的一切事、物都在不断变幻。万物有生有灭，没有瞬间停留，一切皆是"无常"，如同苏轼的一场春梦，繁华过后尽是虚无。如果人们能体会到"事如春梦了无痕"的境界，那就不会生出这样那样的烦恼了，也就不会陷入怪圈不能自拔。

现代著名的女作家张爱玲，对繁华的虚无便看得很透。她的小说总是以繁华开场，却以苍凉收尾，正如她自己所说："小时候，因为新年早晨醒晚了，鞭炮已经放过了，就觉得一切的繁华热闹都已经过去，我没份了，就哭了又哭，不肯起来。"

张爱玲系旧上海名门之后，她的祖父张佩纶是当时的文坛泰斗，外曾祖父是权倾朝野、赫赫有名的李鸿章。凭着对文字的先天敏感和幼年时良好的文化熏陶，张爱玲7岁时就开始了写作生涯，也开始了她特立独行的一生。

优越的生活条件和显赫的身世背景并没有让张爱玲从此置身于繁华富贵之乡，相反，正是这优越的一切让她在幼年便饱尝了父母离异、被继母虐待的痛苦，而这一切，却不为人知地掩藏在繁华的背后。

其实，纸醉金迷只是一具华丽的空壳，在珠光宝气的背后通常是人性的沉沦。沉迷于荣华富贵的人通常是肤浅的人，在繁华落尽时他会备受煎熬。转头再看，执着于尘俗的快乐，执着于对事物的追求，往往最受连累的就是自己，因为你通常会发现，你所执着的事物其实并不有趣，而且有时令你一无所得。

不幸者的一大共性：过分执着

偏激和固执像一对孪生兄弟。偏激的人往往固执，固执的人往往偏激。心理学对此有一个专业术语：偏执。

偏执的人总是喜欢以自己的标准来衡量一切，以自己的喜怒哀乐决定一切，缺乏客观的依据。一旦别人提出异议，就立刻转换脸色，对别人正确的意见也听不进去。

偏执的人往往极度敏感，对侮辱和伤害耿耿于怀，心胸狭隘；对别人获得成就或荣誉感到紧张不安，怒火中烧，不是寻衅争吵，就是在背后说风凉话，或公开抱怨和指责别人；自以为是，自命不凡，对自己的能力估计过高，惯于把失败和责任归咎于他人，在工作和学习上往往言过其实；总是过多过高地要求别人，但从来不信任别人的动机和愿望，认为别人存心不良。

喜欢走极端，与其头脑里的非理性观念相关联，是具有偏执心理的一大特色。因此，要改变偏执行为，首先必须分析自己的非理性观念。如：

（1）我不能容忍别人一丝一毫的不忠。

（2）世上没有好人，我只相信自己。

（3）对别人的进攻，我必须立即给以强烈反击，要让他知道我比他更强。

（4）我不能表现出温柔，这会给人一种不强健的感觉。

现在对这些观念加以改造，以除去其中极端偏激的成分。

（1）我不是说一不二的君王，别人偶尔的不忠应该原谅。

（2）世上好人和坏人都存在，我应该相信那些好人。

（3）对别人的进攻，马上反击未必是上策，我必须首先辨清是否真的受到了攻击。

（4）不敢表示真实的情感，是虚弱的表现。

每当故态复萌时，就应该把改造过的合理化观念默念一遍，用来阻止自己的偏激行为。有时自己不知不觉表现出了偏激行为，事后应重新分析当时的想法，找出当时的非理性观念，然后加以改造，以防下次再犯。

另外，还可以从以下几方面治愈偏执心理：

1. 学会虚心求教，不断丰富自己的见识

常言道："天外有天，人外有人。"别人的长处应该尊重和学习，认识到自己的肤浅。全面客观地看问题，遇到问题不急不躁，冷静分析。

2. 多交朋友，学会信任他人

鼓励他们积极主动地进行交友活动，在交友中学会信任别人，消除不安感。

交友训练的原则和要领是：

（1）真诚相见，以诚交心。要相信大多数人是友好的，是可以信赖的，不应该对朋友，尤其是知心朋友存在偏见和不信任的态度。必须明确交友的目的在于克服偏执心理，寻求友谊和帮助，交流思想感情，消除心理障碍。

（2）交往中尽量主动给予知心朋友各种帮助。这有助于以心换心，取得对方的信任和巩固友谊。尤其当别人有困难时，更应鼎力相助，患难中知真情，这样才能取得朋友的信赖和增进友谊。

（3）注意交友的"心理兼容原则"。性格、脾气相似和一致，有助于心理相容，搞好朋友关系。另外，性别、年龄、职业、文化修养、经济水平、社会地位和兴趣爱好等亦存在"心理兼容"的问题。但是最基本的心理兼容条件是思想意识和人生观价值观的相似和一致，即所谓的志同道合。这是发展合作、巩固友谊的心理基础。

3. 要在生活中学会忍让和有耐心

生活中，冲突纠纷和摩擦是难免的，这时必须忍让和克制，不能让敌对的怒火烧得自己晕头转向，肝火旺盛。

4.养成善于接受新事物的习惯

偏执常和思维狭隘、不喜欢接受新东西、对未曾经历过的东西感到担心相联系。为此，我们要养成渴求新知识，乐于接触新人新事，学习其新颖和精华之处的习惯。只有这样，我们才能不断地提高自己，减少自己的无知和偏执。

放掉无谓的固执

马祖一心执着于坐禅，所以始终得不到解脱，只有摆脱这种执着，才能有所进步。成佛并非执着索求或者静坐念经就可，必须要身体力行才能有所进步。一开始终日冥思苦想着成佛的马祖，在求佛之时，已经渐渐进入歧途，偏离了参禅学佛的本意。马祖未能明白成佛的道理，就像他没有明白自己的本心一样，他不了解自己的内心如何与佛同在，所以他犯了"执"的错误。

执着就像一个魔咒，令人心想挂念，不能自拔，最后常令人不得其果，操劳心神，反而迷失了对人生、对自身的真正认识。修佛也好，参禅也好，在认识和理解禅佛之前，修行者必须要先认识自己的本身，然后发乎情地做事，渐渐理解禅佛之意。如果执着于认识禅佛之道，最后连本身都不顾了，这就是本末倒置的做法。就像一个人做事之前，必须要理解自身所长，才能放手施为地去做事。如果只看到事物的好处而忽略了自身能力，又怎么可能将事情做好呢？这便是寻明心、安身心的魅力所在。

不要让小事情牵着鼻子走

在非洲草原上，有一种不起眼的动物叫吸血蝙蝠，它的身体极小，却是野马的天敌。这种吸血蝙蝠靠吸食动物的血生存。在攻击野马时，它常附在野马腿上，用锋利的牙齿迅速、敏捷地刺入野马腿里，然后用尖尖的嘴吸食血液。无论野马怎么狂奔、暴跳，都无法驱逐。吸血蝙蝠可以从容地吸附在野马身上，直到吸饱才满意而去。野马往往是在暴怒、狂奔、流血中无奈地死去。

动物学家们百思不得其解，小小的吸血蝙蝠怎么会让庞大的野马毙命呢？于是，他们进行了一项实验，观察野马死亡的整个过程。结果发现，吸血蝙蝠所吸的血量是微不足道的，远远不会使野马毙命。但通过进一步分析得出结论：一致认为野马的死亡是它暴躁的习性和狂奔所致，而不是因为吸血蝙蝠吸血致死。

一个理智的人，必定能控制住自己所有的情绪与行为，不会像野马那样为一点儿小事抓狂。当你在镜子前仔细地审视自己时，你会发现自己既是你最好的朋友，也是你最大的敌人。

上班时堵车堵得厉害，交通指挥灯仍然亮着红灯，而时间很紧，你烦躁地看着手表的秒针。终于亮起了绿灯，可是你前面的车子迟迟不开动，因为开车的人思想不集中，你愤怒地按响了喇叭，那个似乎在打瞌睡的人终于惊醒了，仓促地挂上了一挡，而你却在几秒钟里把自己置于紧张而不愉快的情绪之中。

美国研究应激反应的专家理查德·卡尔森说："我们的恼怒有80%是自己造成的。"这位加利福尼亚人在讨论会上教人们如何不生气。卡尔森把防止激动的方法归结为这样的话："请冷静下来！

要承认生活是不公正的，任何人都不是完美的，任何事情都不会按计划进行。"

"应激反应"这个词从 20 世纪 50 年代起才被医务人员用来说明身体和精神对极端刺激（噪音、时间压力和冲突）的防卫反应。

现在研究人员知道，应激反应是在头脑中产生的。即使是非常轻微的恼怒情绪中，大脑也会命令分泌出更多的应激激素。这时呼吸道扩张，使大脑、心脏和肌肉系统吸入更多的氧气，血管扩大，心脏加快跳动，血糖水平升高。

埃森医学心理学研究所所长曼弗雷德·舍德洛夫斯基说："短时间的应激反应是无害的。"他说，"使人受到压力是长时间的应激反应"。他的研究结果表明：61% 的德国人感到在工作中不能胜任；有 30% 的人因为觉得不能处理好工作和家庭的关系而有压力；20% 的人抱怨同上级关系紧张；16% 的人说在路途中精神紧张。

理查德·卡尔森的一条黄金规则是："不要让小事情牵着鼻子走。"他说："要冷静，要理解别人。"他的建议是：表现出感激之情，别人会感觉到高兴，你的自我感觉会更好。

学会倾听别人的意见，这样不仅会使你的生活更加有意思，而且别人也会更喜欢你；每天至少对一个人说，你为什么赏识他，不要试图把一切都弄得滴水不漏。不要顽固地坚持自己的权利，这会花费许多不必要的精力。不要老是纠正别人，常给陌生人一个微笑，不要打断别人的讲话，不要让别人为你的不顺利负责。要接受事情不成功的事实，天不会因此而塌下来；请忘记事事都必须完美的想法，你自己也不是完美的。这样生活会突然变得轻松许多。当你抑制不住自己的情绪时，你要学会问自己：一年前抓狂时的事情到现在来看还是那么重要吗？不为小事抓狂，你就可以对许多事情得出正确的看法。

现在，把你曾经为一些小事抓狂的经历写在这里，然后把你现在对这些事的看法也写下来，对比之下，相信你会有更深的认识。

换种思路天地宽

有位老婆婆有两个儿子，大儿子卖伞，小儿子卖扇。雨天，她担心小儿子的扇子卖不出去；晴天，她担心大儿子的生意难做，终日愁眉不展。

一天，她向一位路过的僧人说起此事，僧人哈哈一笑："老人家你不如这样想：'雨天，大儿子的伞会卖得不错；晴天，小儿子的生意自然很好。'"

老婆婆听了，破涕为笑。

悲观与乐观，其实就在一念之间。

世界上什么人最快乐呢？犹太人认为，世界上卖豆子的人应该是最快乐的，因为他们永远也不用担心豆子卖不完。

假如他们的豆子卖不完，可以拿回家去磨成豆浆，再拿出来卖给行人；如果豆浆卖不完，可以制成豆腐，豆腐卖不成，变硬了，就当作豆腐干来卖；而豆腐干卖不出去的话，就把这些豆腐干腌起来，变成腐乳。

还有一种选择是：卖豆人把卖不出去的豆子拿回家，加上水让豆子发芽，几天后就可改卖豆芽；豆芽如果卖不动，就让它长大些，变成豆苗；如果豆苗还是卖不动，再让它长大些，移植到花盆里，当作盆景来卖；如果盆景卖不出去，那么再把它移植到泥土中去，让它生长。几个月后，它结出了许多新豆子。一颗豆子现在变成了上百颗豆子，想想那是多么划算的事！

一颗豆子在遭遇冷落的时候，可以有无数种精彩选择。人更是如此，当你遭受挫折的时候，千万不要丧失信心，稍加变通，再接再厉，就会有美好的前途。

条条大路通罗马，不同的只是沿途的风景，而在每一种风景中，我们都可以发现独一无二的精彩。

有一位失败者非常消沉，他经常唉声叹气，很难调整好自己的心态，因为他始终难以走出自己心灵的阴影。他总是一个人待着，脾气也慢慢变得暴躁起来。他没有跟其他人进行交流，他更没有把过去的失败统统忘掉，而是全部锁在心里。但他并没有尝试着去寻找失败的原因，因此，虽然始终把失败揣在心里，却没有真正吸取失败的教训。

后来，失败者终于打算去咨询一下别人，希望能够帮自己摆脱困境。于是，他决定去拜访一名成功者，从他那里学习一些方法和经验。

他和成功者约好在一座大厦的大厅见面，当他来到那个地方时，眼前是一扇漂亮的旋转门。他轻轻一推，门就旋转起来，慢慢将他送进去。刚站稳，他就看到成功者已经在那里等候自己了。

"见到你很高兴，今天我来这里主要是向你学习成功的经验。你能告诉我成功有什么窍门吗？"失败者虔诚地问。

成功者突然笑了起来，用手指着他身后的门说："也没有什么窍门，其实你可以在这里寻找答案，那就是你身后的这扇门。"

失败者回过头去看，只见刚才带他进来的那扇门正慢慢地旋转着，把外面的人带进来，把里面的人送出去。两边的人都顺着同一个方向进进出出，谁也不影响谁。

"就是这样一扇门，可以把旧的东西放出去，把新的东西迎进来。我相信你也可以做得到，而且你会做得更好！"成功者鼓励他说。

失败者听了他的话，也笑了起来。

失败者与成功者的最大区别是心态的不同。失败者的心态是消极的，结果终日沉湎于失败的往事，被痛苦的阴影笼罩，无法解脱；而成功者的心态是开放的、积极的，能从一扇门领悟到成功的哲理，从而取得更多的成就。

心随境转，必然为境所累；境随心转，红尘闹市中也有安静的书桌。人生像是一张白纸，色彩由每个人自己选择；人生又像是一杯白开水，放入茶叶则苦，放入蜂蜜则甜，一切都在自己的掌握中。

下山的也是英雄

人们习惯于对爬上高山之巅的人顶礼膜拜，把高山之巅的人看作是偶像、英雄，却很少将目光投放在下山的人身上。这是人之常理，但是实际上，能够及时主动地从光环中隐退的下山者也是"英雄"。

有多少人把"隐退"当成"失败"。曾经有过非常多的例子显示，对于那些惯于享受欢呼与掌声的人而言，一旦从高空中掉落下来，就像是艺人失掉了舞台，将军失掉了战场，往往因为一时难以适应，而自陷于绝望的谷底。

心理专家分析，一个人若是能在适当的时间选择做短暂的隐退（不论是自愿还是被迫），都是一个很好的转机，因为它能让你留出时间观察和思考，使你在独处的时候找到自己内在真正的世界。

　　唯有离开自己当主角的舞台，才能防止自我膨胀。虽然，失去掌声令人惋惜，但换一种思维看问题，心理专家认为，"隐退"就是进行深层学习。一方面挖掘自己的阴影，一方面重新上发条，平衡日后的生活。当你志得意满的时候，是很难想象没有掌声的日子的。但如果你要一辈子获得持久的掌声，就要懂得享受"隐退"。

　　作家班塞说过一段令人印象深刻的话："在其位的时候，总觉得什么都不能舍，一旦真的舍了之后，又发现好像什么都可以舍。"曾经做过杂志主编，翻译出版过许多知名畅销书的班塞，在他事业巅峰的时候退下来，选择当个自由人，重新思考人生的出路。

　　40岁那年，欧文从人事经理被提升为总经理。三年后，他自动"开除"自己，舍弃堂堂"总经理"的头衔，改任没有实权的顾问。

　　正值人生最巅峰的阶段，欧文却奋勇地从急流中跳出，他的说法是："我不是退休，而是转进。"

　　"总经理"三个字对多数人而言，代表着财富、地位，是事业身份的象征。然而，短短三年的总经理生涯，令欧文感触颇深的，却是诸多的"无可奈何"与"不得而为"。

　　他全面地打量自己，他的工作确实让他过得很光鲜，周围想巴结自己的人更是不在少数，然而，除了让他每天疲于奔命，穷于应付之外，他其实活得并不开心。这个想法，促使他决定辞职，"人要回到原点，才能更轻松自在。"他说。

　　辞职以后，司机、车子一并还给公司，应酬也减到最低。不当总经理的欧文，感觉时间突然多了起来，他把大半的精力拿来写作，抒发自己在广告领域多年的观察与心得。

　　"我很想试试看，人生是不是还有别的路可走。"他笃定地说。

　　事实上，欧文在写作上很有天分，而且多年的职场经历给他积累了大量的素材。现在欧文已经是某知名杂志的专栏作家，这期间还完成了两本管理学著作，欧文迎来了他的第二个人生辉煌。

事实上，"隐退"很可能只是转移阵地，或者是为了下一场战役储备新的能量。但是，很多人认不清这点，反而一直缅怀着过去的光荣，他们始终难以忘情"我曾经如何如何"，不甘于从此做个默默无闻的小人物。走下山来，你同样可以创造辉煌，同样是个大英雄！

第二章
人生苦短，不要太计较

世上本无事，庸人自扰之

一个年轻人四处寻找解脱烦恼的秘诀。他见山脚下绿草丛中一个牧童在那里悠闲地吹着笛子，十分逍遥自在。

年轻人便上前询问："你那么快活，难道没有烦恼吗？"

牧童说："骑在牛背上，笛子一吹，什么烦恼都没有了。"

年轻人试了试，烦恼仍在。

于是他只好继续寻找。

他来到一条小河边，见一老翁正专注地钓鱼，神情怡然，面带喜色，于是便上前问道："你能如此投入地钓鱼，难道心中没有什么烦恼吗？"

老翁笑着说："静下心来钓鱼，什么烦恼都忘记了。"

年轻人试了试，却总是放不下心中的烦恼，静不下心来。

于是他又往前走。他在山洞中遇见一位面带笑容的长者，便又向他讨教解脱烦恼的秘诀。

老年人笑着问道："有谁捆住你没有？"

年轻人答道："没有啊？"

老年人说："既然没人捆住你，又何谈解脱呢？"

年轻人想了想，恍然大悟，原来是被自己设置的心理牢笼束缚住了。

世上本无事，庸人自扰之。其实很多时候，烦恼都是自找的，要想从烦恼的牢笼中解脱，首先要做到"心无一物"，放下心中的一切杂念，不为外物的悲喜所侵扰，才能够抛却一切的烦恼，得到内心的安宁。

萧伯纳曾经说过："痛苦的秘诀在于有闲工夫担心自己是否幸福。"故事中的年轻人，四处寻找解脱烦恼的秘诀，却不知道这其实将带来更多的烦恼。许多烦恼和忧愁源于外物，却是发自内心，如果心灵没有受到束缚，外界再多的侵扰都无法动摇你宁谧的心灵；反之，如果内心波澜起伏，汲汲于功利，汲汲于悲喜，那么即便是再安逸的环境，都无法洗脱你心灵上的尘埃。正所谓："菩提本无树，明镜亦非台，本来无一物，何处染尘埃。"一切的杂念与烦忧，都源自动摇的心旌所激荡起的涟漪，只要带着牧童牛背吹笛、老翁临渊钓鱼的心绪，而不去自寻烦忧，那么，烦扰自当远离。

世上是没有任何事情值得忧虑的

忧虑是一种过度忧愁和伤感的情绪体验。正常人也会有忧虑的时候，但如果是毫无原因地忧虑，或虽有原因，但不能自控，显得心事重重、愁眉苦脸，就属于心理性的忧虑了。

如果一个人不及时调整，一味地忧虑下去，那么他只是在折磨自己，事情也不会发生任何的改变。

　　一个商人的妻子不停地劝慰着她那在床上翻来覆去、折腾了足有几百次的丈夫："睡吧，别再胡思乱想了。"

　　"嗨，老婆啊，"丈夫说，"几个月前，我借了一笔钱，明天就到还钱的日子了。可你知道，咱家哪儿有钱啊！你也知道，借给我钱的那些邻居们比蝎子还毒，我要是还不上钱，他们能饶得了我吗？为了这个，我能睡得着吗？"他接着又在床上继续翻来覆去。

　　妻子试图劝他，让他宽心："睡吧，等到明天，总会有办法的，我们说不定能弄到钱还债的。"

　　"不行了，一点儿办法都没有啦！"

　　最后，妻子忍耐不住了，她爬上房顶，对着邻居家高声喊道："你们知道，我丈夫欠你们的债明天就要到期了。现在我告诉你们：我丈夫明天没有钱还债！"她跑回卧室，对丈夫说："这回睡不着觉的不是你，而是他们了。"

　　可能凌晨三四点的时候，你还在忧虑，似乎全世界的重担都压在你肩膀上：到哪里去找一间合适的房子？找一份好一点的工作？怎样可以使那个啰唆的主管对你有好印象？儿子的健康、女儿的行为、明天的伙食、孩子们的学费……你的脑子里有许多烦恼、问题和亟待要做的事在那里滚转翻腾。

　　深呼吸，睁开眼睛，再轻松地闭起来，告诉自己："不要怕。"仔细想想这些有魔力的字句，而且要真正相信，不要让你的心仍彷徨在恐惧和烦恼之中。

　　我们不能将忧虑与计划安排混为一谈，虽然二者都是对未来的一种考虑。未来的计划有助于你现实中的活动，使你对未来有自己的具体想法与行动指南。而忧虑只是因今后可能发生的事情而产生惰性。忧虑是一种流行的社会通病，几乎每个人都要花费大量的时间为未来担忧。忧虑消极而无益，既然你是在为毫无积极效果的行为浪费自己宝贵的时光，那么你就必须改变这一缺点。

请记住，世上没有任何事情是值得忧虑的。你可以让自己的一生在对未来的忧虑中度过，然而无论你多么忧虑，甚至抑郁而死，你也无法改变现实。

把生活当情人，允许他发个小脾气

在生活中，有些人因为阅历不够，常常会碰到一些无法改变的事情。遇到这些事情，不要去硬拼，没必要非弄个鱼死网破，因为鱼死了网也未必会破；也不必弄个玉碎瓦全，因为碎了的玉和瓦没多大区别，不如去顺应、去配合，把自己磨得圆滑一些。

生活中发生的很多事情也许将我们磨得失去了耐性，可是没有办法改变，又能怎么办呢？最好的办法，就是把生活当成自己的小情人吧，在经受挫折时，就当是他在发脾气，不要与他计较，哄哄他也是一种生活的情调。

小张是一所名牌大学的高材生，他不仅成绩出众，还是校学生会的主席，大学毕业后，他如愿以偿来到一家外资企业工作。可是不久他就发现，自己在公司干的都是些打杂的事情。

从名牌大学的高材生到别人的"助理"，这样的现实让小张很难接受，特别是别人动不动就使唤他，让小张觉得尊严受到了挑战。他有时咬牙切齿地干完某事，又要笑容可掬地向有关人员汇报说："已经做好了！"如此违心的两面派角色，他自己都感到恶心。有几次，他还与同事争吵起来。

时间一长，小张的日子就不好过了，同事们几乎没人理他，孤傲的小张更加孤独了。

生活就是这样，当你没办法改变世界时，唯一的方法就是改变自己。还有另一个故事：

许多年前，一个妙龄少女来到东京酒店当服务员。这是她的第一份工作，因此她很激动，暗下决心：一定要好好干！她想不到：上司安排她洗厕所！洗厕所，说实话没人爱干，何况她从未干过粗重的活儿，细皮嫩肉、喜爱洁净的她干得了吗？她陷入了困惑、苦恼之中，也哭过鼻子。

这时，她面临着人生的一大抉择：是继续干下去，还是另谋职业？继续干下去——太难了！另谋职业——知难而退？她不甘心就这样败下阵来，因为她曾下过决心：人生第一步一定要走好，马虎不得！这时，同单位一位前辈及时出现在她面前，帮她摆脱了困惑、苦恼，帮她迈好了人生的第一步，更重要的是帮她认清了人生之路应该如何走。他并没有用空洞的理论去说教，只是亲自做给她看了一遍。

首先，他一遍遍地擦洗着马桶，直到光洁如新；然后，他从马桶里盛了一杯水，一饮而尽，竟然毫不勉强。实际行动胜过万语千言，他不用一言一语就告诉了少女一个极为朴素、极为简单的真理：光洁如新，要点在于"新"，新则不脏，因为不会有人认为新马桶脏，也因为马桶中的水是不脏的，所以是可以喝的；反过来讲，只有马桶中的水达到可以喝的洁净程度，才算是把马桶擦洗得"光洁如新"了，而这一点已被证明可以办得到。

同时，他送给她一个含蓄的、富有深意的微笑，送给她关注的、鼓励的目光。这已经够用了，因为她早已激动得几乎不能自持，从身体到灵魂都在震颤。她目瞪口呆，热泪盈眶，恍然大悟，如梦初醒！她痛下决心："就算一生洗厕所，也要做一名洗厕所洗得最出色的人！"

从此，她成为一个全新的、振奋的人，她的工作质量也达到了那位前辈的高水平。当然，她也多次喝过马桶水，为了检验自己的自信心，为了证实自己的工作质量，也为了强化自己的敬业心。

在生活和工作中，我们会遇到许多的不如意。比如，你是一个刚毕业的学生，很喜欢编辑的工作，可是放在你面前的就只有文员的角色；你正处于事业的爬坡期，你以为升职的名单里会有你，可是另一个你认为不如你的人却代替你升了职……既然改变不了事实，那么我们何不顺应环境，理清思绪，让自己重新开始呢？

生命短促，不要过于顾忌小事

事事计较、精于算计的人，不但容易损害人际关系，从医学的观点看，也对自己的身体极其有害。《红楼梦》里的林黛玉，虽有闭月羞花、沉鱼落雁的美丽容貌，可总是患得患失，别人一句无意的话都会让她辗转反侧，难以入眠，抑郁不已，再加上情感上的打击，终于落得个"红颜薄命"的悲惨结局。

还有这样一个故事：一群好朋友，原本欢欢喜喜地去饮酒，酒下了肚没有多久，大伙你一句、他一句地开玩笑，突然盘飞菜溅，大伙打成了一团。探讨原因，也不过是某甲说了某乙性无能，某乙认为伤了其男性的自尊心，一定要讨回面子而已。小小的一个玩笑演变成你死我伤的局面。

世上有许多类似的情节，皆为一句话、一个小举动弄得反目成仇，到头来失去朋友、断了交情，可谓得不偿失。古语有云："小不忍则乱大谋。"，一点不假。

人生之事，只要不是原则性的大事，得过且过又何妨？人活在世上，理应开朗、豁达，活得超脱一些；凡事斤斤计较，只是徒增烦恼罢了。

我们活在这个世上只有短短的几十年，而浪费很多不可能再补回来的时间去忧愁一些很快就会被所有人忘了的小事，值得吗？请把时间只用在值得做的事情上，去经历真正的感情，去做必须做的事情。生命太短促了，不该再顾忌那些小事。

人生的快乐不在于拥有的多，而在于计较的少

为人处世，不免有形形色色的矛盾、烦恼，如果斤斤计较于每一件事，那生命无疑是一桩累赘，且充斥着悲剧色彩。

1945 年 3 月，罗勒·摩尔和其他 87 位军人在贝雅 S·S318 号潜艇上。当时雷达发现有一个驱逐舰队正往他们的方向开来，于是他们就向其中的一艘驱逐舰发射了 3 枚鱼雷，但都没有击中。这艘舰也没有发现。但当他们准备攻击另一艘布雷舰的时候，它突然掉头向潜艇开来，可能是一架日本飞机看见这艘位于 60 英尺水深处的潜艇，用无线电告诉这艘布雷舰。

他们立刻潜到 150 英尺地方，以免被日方探测到，同时也准备应付深水炸弹。他们在所有的船盖上多加了几层栓子。3 分钟之后，突然天崩地裂。6 枚深水炸弹在他们的四周爆炸，他们直往水底——深达 276 英尺的地方下沉，他们都吓坏了。

　　按常识，如果潜水艇在不到 500 英尺的地方受到攻击，深水炸弹在离它 17 英尺之内爆炸的话，差不多是在劫难逃。罗勒·摩尔吓得不敢呼吸，他在想："这回完蛋了。"在电扇和空调系统关闭之后，潜艇的温度升到近 40 度，但摩尔却全身发冷，牙齿打战，身冒冷汗。15 小时之后，攻击停止了，显然那艘布雷舰的炸弹用光以后就离开了。

　　这 15 小时的攻击，对摩尔来说，就像有 1500 年。他过去所有的生活一一浮现在眼前，他想到了以前所干的坏事，所有他曾担心过的一些很无聊的小事。他曾经为工作时间长、薪水太少、没有多少机会升迁而发愁；他也曾经为没有办法买自己的房子、没有钱买部新车子、没有钱给妻子买好衣服而忧虑；他非常讨厌自己的老板，因为这位老板常给他制造麻烦；他还记得每晚回家的时候，自己总感到非常疲倦和难过，常常跟自己的妻子为一点小事吵架；他也为自己额头上的一块小疤发愁过。

　　摩尔说："多年以来，那些令人发愁的事看来都是大事，可是在深水炸弹威胁着要把我送上西天的时候，这些事情又是多么的荒唐、渺小。"就在那时候，他向自己发誓，如果他还有机会见到太阳和星星的话，就永远永远不会再忧虑。在潜艇里那可怕的 15 小时，对于生活所学到的，比他在大学读了 4 年书所学到的要多得多。

　　我们可以相信一句话：人生中总是有很多的琐事纠缠着我们，但是我们不能与它斤斤计较，因为心胸狭窄是幸福的天敌。

　　生活中，将许多人击垮的有时并不是那些看似灭顶之灾的挑战，而是一些微不足道的、鸡毛蒜皮的小事。人们的大部分时间和精力无休止地消耗在这些鸡毛蒜皮的小事之中，最终让大部分人一生一事无成。

大家都知道在法律上的一条格言："法律不会去管那些小事情。"一个人总不该为一些小事斤斤计较、忧心忡忡，如果他希望求得心理上的平静和快乐的话。

很多时候，要想克服由一些小事情所引起的困扰，只需将你的注意力的重点转移开来，给自己设定一个新的、能使你开心一点的看问题的角度与方法就可以了，这样你会重新收获生活的快乐。

放开自己，不纠结于已失去的事物

生活中有一种痛苦叫错过。人生中一些极美、极珍贵的东西，常常与我们失之交臂，这时的我们总会因为错过美好而感到遗憾和痛苦。其实喜欢一样东西不一定非要得到它，当你为一份美好而心醉时，远远地欣赏它或许是最明智的选择，错过它或许还会给你带来意想不到的收获。

美国的哈佛大学要在中国招一名学生，这名学生的所有费用由美国政府全额提供。初试结束了，有30名学生成为候选人。

考试结束后的第10天，是面试的日子。30名学生及其家长云集锦江饭店等待面试。当主考官劳伦斯·金出现在饭店的大厅时，一下子被大家围了起来，他们用流利的英语向他问候，有的甚至还迫不及待地向他作自我介绍。这时，只有一名学生，由于起身晚了一步，没来得及围上去，等他想接近主考官时，主考官的周围已经是水泄不通了，根本没有插空而入的可能。

他错过了接近主考官的大好机会于是有些懊丧起来。正在这时，他看见一个异国女人有些落寞地站在大厅一角，目光茫然地望着窗外，他想：身在异国的她是不是遇到了什么麻烦，不知自己能不能帮上忙？于是他走过去，彬彬有礼地和她打招呼，然后向她做了自我介绍，最后他问道："夫人，您有什么需要我帮助的吗？"接下来两个人聊得非常投机。

后来这名学生被劳伦斯·金选中了，在30名候选人中，他的成绩并不是最好的，而且面试之前他错过了跟主考官套近乎、加深自己在主考官心目中印象的最佳机会，但是他却无心插柳柳成荫。原来，那位异国女子正是劳伦斯·金的夫人。

这件事曾经引起很多人的震动：原来错过了美丽，收获的并不一定是遗憾，有时甚至可能是圆满。

许多的心情，可能只有经历过之后才会懂得，如感情，痛过了之后才会懂得如何保护自己，傻过了之后才会懂得适时地坚持与放弃。在得到与失去的过程中，我们慢慢认识自己，其实生活并不需要这么多无谓的执着，没有什么真的不能割舍的，学会放弃，生活才会更容易！

因此，在你感觉到人生处于最困顿的时刻，也不要为错过而惋惜。失去的折磨会带给你意想不到的收获。花朵虽美，但毕竟有凋谢的一天，请不要再对花长叹了，因为可能在接下来的时间里，你将收获雨滴的温馨和浪漫。

睁一只眼闭一只眼，对小事不予计较

美国著名的成功学大师戴尔·卡耐基是一位处理人际关系的"老手"，然而早年时，也曾犯过小错误。

　　有一天晚上，卡耐基和自己的一个朋友应邀去参加一个宴会。宴席中，坐在他右边的一位先生讲了一段幽默故事，并引用了一句话，意思是"谋事在人，成事在天"。那位健谈的先生提到，他所引用的那句话出自《圣经》。然而，卡耐基发现他说错了，他很肯定地知道出处，一点疑问也没有。

　　出于一种认真的态度，卡耐基又很小心地纠正了过来。那位先生立刻反唇相讥："什么？出自莎士比亚？不可能！绝对不可能！"那位先生一时下不来台，不禁有些恼怒。当时卡耐基的老朋友弗兰克就坐在他的身边。弗兰克研究莎士比亚的著作已有多年，于是卡耐基就向他求证。弗兰克在桌下踢了卡耐基一脚，然后说："戴尔，你错了，这位先生是对的。这句话出自《圣经》。"

　　那晚回家的路上，卡耐基对弗兰克说："弗兰克，你明明知道那句话出自莎士比亚。""是的，当然。"弗兰克回答，"在《哈姆雷特》第五幕第二场。可是亲爱的戴尔，我们是宴会上的客人，为什么要证明他错了？那样会使他喜欢你吗？他并没有征求你的意见，为什么不圆滑一些，保留他的脸面，非要说出实话而得罪他呢？"

　　一些无关紧要的小错误，放过去，无伤大局，那就没有必要去纠正它。这不仅是为了自己避免不必要的烦恼和人事纠纷，也顾到了别人的名誉，不致给别人带来无谓的烦恼。这样做，并非只是明哲保身，更体现了你处世的度量。

　　一件事情是否该认真，这要视场合而定。钻研学问更要讲究认真，面对大是大非的问题要讲究认真。但是，在不忘大原则的同时，我们要做适时的变通，对于一些无关大局的琐事，不必太认真。不看对象，不分地点刻板地认真，往往使自己处于一种尴尬的境地，处处被动受阻。每当在这种时候，如果能理智地后退一步，淡然处之，不失为一种追求至简生活的处世之道。

第三章

面对现实，要有一颗平常心

泥泞的路才能留下脚印

曾担任过联合国秘书长的瑞典政治家哈马舍尔德说："我们无从选择命运的框架，但我们放进去的东西却是我们自己的。"人不能选择命运，却可以选择自己生命的道路。你选择艰苦的道路，你的脚印就会印在上面，被人们记住。

泥泞的路才能留下脚印，世上芸芸众生莫不如此。那些一生碌碌无为的人，不经风不沐雨，没有起也没有伏，就像一双脚踩在又坦又硬的大路上，脚步抬起，什么也没有留下；而那些经风沐雨的人，他们在苦难中跋涉不停，就像一双脚行走在泥泞里，他们走远了，但脚印却印证着他们行走的价值。

"罗马不是一天建成的"，任何一个伟大事业完成的背后，总有不少感天动地的故事。而故事中的英雄、伟人、名人，却是在不为人知的岁月里，花了许多宝贵的时间，流了许多辛勤的汗水！

我们不要只羡慕鲜花的芬芳，没有泥土的滋养，它们也没有绽放的机会。一分耕耘，总有一分收获，泥泞的道路上布满勤奋的脚印,路的那一端才能真正地通向成功。作为一个现代人,应做好迎接挑战的心理准备。世界充满了机遇,也充满了风险。要不断提高自我应付挫折的能力,调整自己,增强社会适应力,坚信挫折中蕴含着机遇。

学会包容生活中的不公平

在我们这个世界上,许许多多的人都认为公平合理是生活中应有的现象。我们经常听人说:"这不公平!""因为我没有那样做,你也没有权利那样做。"我们整天要求公平合理,每当发现公平不存在时,心里便不高兴。应当说,要求公平并不是错误的心理,但是,如果因为不能获得公平,就产生一种消极的情绪,这个问题就要注意了。

实际上绝对的公平并不存在,你要寻找绝对公平,就如同寻找神话传说中的宝物一样,是永远也找不到的。这个世界不是根据公平的原则而创造的,譬如,鸟吃虫子,对虫子来说是不公平的;蜘蛛吃苍蝇,对苍蝇来说是不公平的;豹吃狼、狼吃獾、獾吃鼠、鼠又吃……只要看看大自然就可以明白,这个世界并没有公平。飓风、海啸、地震等都是不公平的,公平只是神话中的概念。人们每天都过着不公平的生活,快乐或不快乐,是与公平无关的。这并不是人类的悲哀,只是一种真实情况。

生活不总是公平的,这着实让人不愉快,但确是我们不得不接受的真实处境。我们许多人所犯的一个错误便是为了自己或他人感到遗憾,认为生活应该是公平的,或者终有一天会公平。其实不然,绝对的公平现在不会有,将来也不会有。

承认生活中充满着不公平这一事实的一个好处便是能激励我们

去尽己所能，而不再自我伤感。我们知道让每件事情完美并不是生活的使命，而是我们自己对生活的挑战，承认这一事实也会让我们不再为他人遗憾。每个人在成长、面对现实、作种种决定的过程中都会遇到不同的难题，每个人都有感到成了牺牲品或遭到不公正对待的时候，承认生活并不总是公平这一事实并不意味着我们不必尽己所能去改善生活，去改变整个世界；恰恰相反，它正表明我们应该这样做。当我们没有意识到或不承认生活并不公平时，我们往往怜悯他人也怜悯自己，而怜悯自然是一种于事无补的失败主义的情绪，它只能令人感觉比现在更糟。但当我们真正意识到生活并不公平时，我们会对他人也对自己怀有同情，而同情是一种由衷的情感，所到之处都会散发出充满爱意的仁慈。当你发现自己在思考世界上的种种不公正时，可要提醒自己这一基本的事实。你或许会惊奇地发现它会将你从自我怜悯中拉出来，使你采取一些具有积极意义的行动。

许多不公平的经历我们是无法逃避的，也是无从选择的，我们只能接受已经存在的事实并进行自我调整，抗拒不但可能毁了自己的生活，而且也许会使自己精神崩溃。因此，人在无法改变不公和不幸的厄运时，要学会接受它、适应它。

学会接受不可更改的事实

荷兰阿姆斯特丹有一座15世纪的教堂遗迹，里面有这样一句让人过目不忘的题词："事必如此，别无选择。"命运中总是充满了不可捉摸的变数，如果它给我们带来了快乐，当然是很好的，我们也很容易接受。但事情却往往并非如此，有时，它带给我们的会是可怕的灾难，这时如果我们不能学会接受它，反而让灾难主宰了我们的心灵，那生活就会永远地失去阳光。

琼妮小姐是新西兰一位建筑商的女儿，移居美国后，曾在休斯敦一家电视台工作，1990 年起任 CNN（美国有线电视新闻网）摄影记者。1992 年 6 月，她被派往萨拉热窝进行战地采访。在那里，曾有多名记者丧生。

琼妮在萨拉热窝逗留 6 个星期后，已经习惯周围的流弹。一天清早，一颗子弹击穿车玻璃，正好击中她的脸部，几乎掀掉了她的半边脸，她的颧骨被打得粉碎，牙齿没有了，舌头被打断。送到诊所时，大夫们直摇头，认为她不行了。经过 20 多次手术后，她又奇迹般地回到了工作岗位。这时的她，下颌仍无感觉，脸部还留着弹片，体重减轻了 8 千克。令大家吃惊的是，她要求重返萨拉热窝。她幽默地说："说不定我还能在那里找回我的牙齿。"她甚至想认识一下当初袭击她的枪手。有人问她，见到那个枪手后怎么办。她说："我会请他喝一杯，问他几个问题，比方说当时距离有多远。"

琼妮面对厄运的乐观态度证明她是一个具有坚韧毅力的女孩，正是这种乐观的性格，使她能够迅速摆脱挫折的阴影，积极地投入到新的工作中去。

威廉·詹姆斯说："完全接受已经发生的事，这是克服不幸的第一步。"哲人说："太阳底下所有的痛苦，有的可以解救，有的则不能，若有就去寻找；若无，就忘掉它。"

快乐是什么？快乐是血、泪、汗浸泡的人生土壤里怒放的生命之花，正如惠特曼所说："只有受过寒冷的人才感觉得到阳光的温暖，也只有在人生战场上受过挫败、痛苦的人才知道生命的珍贵，才可以感受到生活之中的真正快乐。"

托尔斯泰在他的散文名篇《我的忏悔》中讲了这样一个故事：一个男人被一只老虎追赶而掉下悬崖，庆幸的是在跌落过程中他抓住了一棵生长在悬崖边的小灌木。此时，他发现，头顶上那只老虎正虎视眈眈，低头一看，悬崖底下还有一只老虎，更糟的是，两只老鼠正忙着啃咬悬着他生命的小灌木的根须。绝望中，他突然发现附近生长着一簇野草莓，伸手可及。于是，这人摘下草莓，塞进嘴里，自语道："多甜啊！"生命进程中，当痛苦、绝望、不幸和危难向你逼近的时候，你是否还能享受一下"野草莓"的滋味？"尘世永远是苦海，天堂才有永恒的快乐"是禁欲主义编撰的用以蛊惑人心的谎言，苦中求乐才是快乐的真谛。

当你对生活感到绝望的时候，请再等待3天，希望便会出现。

应邀访美的女作家在纽约街头遇见一位卖花的老太太。这位老太太穿着相当破旧，身体看上去很虚弱，但脸上却满是喜悦。女作家挑了一朵花说："你看起来很高兴。"

"为什么不呢？一切都这么美好。"

"你很能承担烦恼。"女作家又说。然而，老太太的回答令女作家大吃一惊："耶稣在星期五被钉在十字架上的时候，那是全世界最糟糕的一天，可3天后就是复活节。所以，当我遇到不幸时，就会等待3天，一切就恢复正常了。"

英格兰的妇女运动名人格丽·富勒曾将一句话奉为真理，这句话是："我接受整个宇宙。"是的，你我也应该能接受不可避免的事实。即使我们不接受命运的安排，也不能改变事实分毫，我们唯一能改变的只有自己。成功学大师卡耐基也说："有一次我拒不接受我遇到的一种不可改变的情况。我像个蠢蛋，不断作无谓的反抗，结果带来无眠的夜晚，我把自己整得很惨。终于，经过一年的自我折磨，我不得不接受我无法改变的事实。"

面对现实，并不等于束手接受所有的不幸。只要有任何可以挽救的机会，我们就应该奋斗！但是，当我们发现情势已不能挽回时，我们最好就不要再思前想后，拒绝面对，要接受不可避免的事实，唯有如此，才能在人生的道路上掌握好平衡。

宽容环境，生活就会更美好

有这么一对夫妇，他们俩对周围环境的态度经常截然相反，即便是两人一起遇到的事情，看法也大不相同，很难相信他们谈的是同一件事。

有一次，他们去参加了一个晚宴，两个人形容起这一晚上的情况，评价和感觉都显然不同。太太详详细细把他们参加的那次"糟透了"的晚宴讲上一番，抱怨吃得不好，客人们没意思，主人冷落了她，一晚上很无聊。她的丈夫也把那次晚宴情况对朋友绘声绘色地讲了一番。他兴高采烈，连说带比划，讲的情况同他太太形容的完全相反。"我当时开心得要命，"他喜形于色地对朋友说，"那次晚宴好极啦，痛快极啦！那么多客人都很有趣，菜非常出色，主人也周到极了！"

他们讲的是同一次晚宴吗？显然，这对夫妇在对待身边的环境的态度是不一样的，所以对于同一事件的感觉才出现了戏剧性的分歧。他们一个人把精力集中在对环境的不满上，一个晚上都在尽力对周围的一切发牢骚和吹毛求疵，于是看到的都是毛病；另一个打定主意去开心，去享受环境，于是玩得很高兴。

人，活在这个世界上，环境是你生存的基础，但绝不主导你的生活。就拿 Mike 一天的一些极普通的事情来说吧。

Mike 一早睁开眼，天气不好，他不太开心。他认为，晴朗和阴霾对人的情绪怎么也有影响，老天爷总不开脸，铅灰色的云层，像一块砖头压在心上，能痛快吗？接着，皱着眉头吃完老样子的早餐，Mike 又不满意了，他想，也许从果腹这个角度看，自己的早餐无可挑剔，但人终究和吃饲料的动物不同啊，胃口大小、心情好坏，乃至于咸淡、干稀都要有一些个人的讲究啊！想到终日奔忙，只是为了糊这张嘴，Mike 的心情又黯淡了不少。

随后，就该穿衣出门了。这就更麻烦，Mike 在那儿脱来换去，发现自己挑选衣服的时候大半不是从个人舒适出发，更多是从顺应别人的眼光。Mike 捉摸不透服装潮流，一会儿这么变，一会儿那么变，不知何时是个头。而且变过来变过去，弄得人无所适从，因此更为苦恼。纯粹是在为别人穿衣服，还得小心谨慎。超前了，怕人家说你；落在后面，又怕被讪笑，多没劲啊，Mike 心里烦得够呛，做人真难啊！好不容易换好衣服，这就该上班去了。搭乘公共汽车也好，或者骑自行车也好，出了门，一个"挤"字，就把 Mike 的情绪彻底破坏了，觉得世界好大好大，按说不会多自己一个，但别人连一点空隙也不想给自己留下的挤劲，令自己无法快活了。他觉得自己踏进让人焦头烂额的社会后，将来还不知会有哪些坑坑洼洼等着自己去呢！所以，他越想越觉得自己周围的环境简直是太差劲了，越觉得活在这个世界上太累了。

只要留心生活你就会惊奇地发现，能够体验到环境给自己带来欢跃的人非常之少。不管是你身边的朋友、同事，还是亲人，难得碰见有人能够在自己的山冈上面"瞥见黄色的水仙花"。你是不是只埋怨路边的杂草弄脏了鞋子，而忽视了草坪中充满青春活力的色彩绚丽的花朵呢？你在雨后是不是只两眼盯着道路上的泥泞，而注意不到难得的清新的空气呢？宽容环境，首先要学会忍受环境带来的种种不方便，不抱怨，不强迫，不做任何影响自己的事，主动去接受它，适应它，当你可以和周围的环境融为一体，看到生活中好的方面的时候，世界就会变得更加美好。宽容会让你快乐，让你充实，让你成熟，让你稳重，而环境带来的不愉快自然就会在这样的你的面前烟消云散。

不能改变环境，就学着适应它

诸葛亮说："腐儒俗士岂识时务，识时务者在乎俊杰。"

什么是识时务呢？识时务即指认清事物的变化方向，了解问题的特征，就如同垂钓之人了解鱼的习性，湘菜馆老板了解湘菜的发展趋势一样。懂得这样做的人才是高明之人，才堪称俊杰。

很多人都在问："社会变化了，我能够做什么？"这个问题给很多人造成了心理障碍，让他们陷入了痛苦的深渊。

如果你的天赋和内心要求你从事木工工作，那么你就做一个木匠；如果你的天赋和内心要求你从事医学工作，那么你就做一名医生。人的生存离不开环境，环境一旦变化，我们必须随时调整自己的观念、思想、行动及目标，以适应这种变化，这是生存的客观法则。

但是，有时环境的发展，与我们的事业目标、欲望、兴趣、爱好等发展是不合拍的，有时甚至会阻碍、限制我们欲望和能力的发展。在这个时候，如果我们有能力、有办法来适应环境，使之满足我们能力和欲望的发展需求，则是最难能可贵的。

　　刚刚毕业于某高校音乐学院的小李，被分配到一家国企的工会做宣传工作。刚开始，他很苦恼，认为自己的专业才能与工作不对口，在这里长干下去，不但自己的前途会被耽误，而且自己的专长也可能荒废。于是，他想调到一个适合自己发展的单位。可是，几经折腾，终未成功。之后，他便死心塌地地安守在这个工作岗位上，并发誓要改变"英雄无用武之地"的状况。他找到单位工会主席，提出了自己要为企业筹建乐队的计划。正好这个企业刚从低谷走出来，扭亏为盈，开始进入高速发展时期，自然也想大张旗鼓地宣传企业形象，提高产品的知名度，就欣然同意了他的计划。他来了精神，跑基层、寻人才、买器具、设舞台、办培训，不出半年，就使乐团初具了规模。两年以后，这个企业乐团的演奏水平已成为全市一流，而且堪与专业乐团相媲美，而他自己也成了全市知名度较高的乐队经理。通过自己的努力，他完全改变了自己所处的环境，化劣势为优势，不但开辟出了自己施展才能的用武之地，而且培养了自己的领导管理才能，为他以后寻求更大的发展奠定了坚实的基础。

　　适应环境需要许多条件，但最重要的是你的信心与智慧，它们相辅相成、缺一不可，有了适应环境的决心和勇气，肯定能够想出解决问题的好方法。

　　但现实生活中，有的人却不这样，他们改变不了环境，也不利用环境去努力寻找、开创新的机遇，而是怨天尤人、自暴自弃，把自己逼到了死角，一生难有任何作为。

　　其实，我们经常会身处一个陌生、被动的环境中，而环境本身往往又是不容易被改变的。这时正确的做法就是适应环境，在适应中改变自己、提升自己。

"自己的命运掌握在自己手中。"当你无法改变身处的环境时，就应该以一种积极、向上的态度去适应它，在你付出勤奋、敬业后，便会发现成功已悄然来临。如果有一天你实现了自己的人生目的，你应该自豪地对自己说："我掌握了命运，这都是我适时调整自己的结果。"

一个人要想生存，要想成为强者，就必须跟着时代的步伐一起前进。也就是说，我们要想改变生存环境，必须首先顺应生存环境的发展变化。如果一个人想改变生存环境，却不能首先顺应环境的发展变化，那么，想改变环境的目的则是不可能达到的。

关上一道门后，总有另一扇窗打开

在人的一生中，每个人都不能保证事业一帆风顺。很多刚刚步入社会的年轻人，自身的经验、才能都尚在成长之中，加上社会上竞争激烈，各个用人单位对人才的要求不尽相同，这期间面试遭淘汰，或者工作不适被辞退，这都是很正常的事情。你不必为此屈辱不堪，耿耿于怀。生活中谁都难免遭遇到挫折，只要你树立信心，继续努力，生活中，肯定会有"柳暗花明又一村"的新景象。

在面试中，被淘汰并不是一件坏事，这家单位不要你，总会有一家适合你的"伯乐"。路正在脚下，即使我们被单位解聘淘汰了也不用去计较，走过去，前面有更光明的一片天空在等着我们。

西娅在维伦公司担任高级主管，待遇优厚。很长一段时间，她都为到底去什么地方度假而烦恼。但是情况很快就变得糟糕起来。为了应对激烈的竞争，公司开始裁员，西娅也在其中。那一年，她

43 岁。

"我在学校一直表现不错！"她对好友墨菲说，"但没有哪一项特别突出。后来，我开始从事市场销售。在 30 岁的时候，我加入了那家大公司，担任高级主管。

我以为一切都会很好，但在我 43 岁的时候，我失业了。那感觉就像有人给了我的鼻子一拳。"她接着说，"简直糟糕透了。"

西娅似乎又回到了那段灰暗的日子，语气也沉重了许多。"有一段时间，我不能接受自己失业的事实。躲在家里，不敢出门，因为每当看到忙碌的人们，我都会觉得自己没用，脾气也越来越大，孩子们也越来越怕我。情况似乎越来越糟糕。但就在这时，转机出现了。一个月后，一个出版界的朋友问我，如何向化妆业出售广告。这是我擅长的东西。我重新找到了自己的方向：为很多上市公司提供建议，出谋划策。"

两年后，西娅已经拥有了自己的咨询公司。她已经不再是一个打工者，而是成了一个老板，收入自然也比以前多了很多。

"被裁员是一件糟糕的事情，但那绝对不是地狱。也许，对你自己来说，可能还是一个改变命运的机会，比如现在的我。重要的是如何看待，我记得那句名言：'世界上没有失败，只有暂时的不成功。'"西娅真诚地对墨菲说。

当生活为你关上一扇门时，上帝同时又会为你打开另一扇门。生活在竞争异常激烈的今天，我们应该做好充分的心理准备迎接挑战。世界充满了就业的机遇，也充满了被淘汰的可能。被淘汰不一定是坏事，也许这正是上帝在以另一种方式告诉你，你未尽其才，你需要寻找更适合你发展的空间。即使你的淘汰确实是因为你的能力暂时不足，只要你再接再厉，努力去争取，谁能说你的明天会不如现在呢?

愁也一天，喜也一天

社会上流行一首《宽心谣》：

日出东海落西山，愁也一天，喜也一天；
遇事不钻牛角尖，人也舒坦，心也舒坦。
每月领取养老钱，多也喜欢，少也喜欢；
少荤多素日三餐，粗也香甜，细也香甜。
新旧衣服不挑选，好也御寒，赖也御寒；
常与知己聊聊天，古也谈谈，今也谈谈。
内孙外孙同样看，儿也心欢，女也心欢；
全家老少互慰勉，贫也相安，富也相安。
早晚操劳勤锻炼，忙也乐观，闲也乐观；
心宽体健养天年，不是神仙，胜似神仙。

朴实语言中，自然透着一种大彻大悟的智慧，世人若能如此生活，宽心面对一切，相信心灵会少许多负累，可是人偏偏要和自己过不去。

天空不会因为别人而改变其阴晴不定的本性，人只有学会面对这些必然之事，才能多一些快乐，少一些忧愁。看看现代人，抑郁症成了流行病，路人打招呼都成了："你抑郁了吗?"难道这个世界就让我们这么绝望，以至于所有的东西都变成了灰色？其实抑郁只是自找的，没有人强加于你，心太窄，终究没有大格局，也不会有大智慧。

很佩服有些人，他们疲于安身立命，却又超凡脱俗，任凭尘世惊涛、社会险难，自在逍遥游。他们从不灰心，从不退缩，他们心宽得很，是为达人。

曾有这么一位人力三轮车师傅，50多岁，相貌堂堂。有人问他："为什么愿意干这样的活儿？"他笑着从车上跳下来，并夸张地走了几步给大家看，哦，原来是跛足，左腿长，右腿短，天生的。

他坦然地笑着说："为了能不走路，踩三轮车便是最好的伪装。"这也算是"英雄有用武之地"。不时，他还转过头说："我老婆很漂亮，儿子也很帅！"坐他的车，让人如沐春风。

他说："自己没什么文化，但有好体力，踩三轮车，很环保，也可养家糊口，一天可挣上百元。虽然发不了大财，但日子过得还算舒坦。"他说他有人生三愿——即吃得下饭，睡得着觉，笑得出来。

这位人力三轮车师傅可称为智者。其实想想也是，人生不过数十寒暑，生长壮老，生命就是这么一个简单的过程，有人享受过程，有人痛苦过程，有人眷恋过程。但不管你是有钱还是有权，都不能改变这个过程。即使可以通过一些手段加长这个过程，但多10年少10年又有多大区别，因此不要老是想不开，拼命地在这个过程中多多占有，以至于过程很累，结果两手空空，何苦呢？

正是"愁也一天，喜也一天"，何不一切随它去，眉间放一字宽，看淡人间名利与恩怨，持平常心，做乐活族。

第四章

宠辱不惊，名利不过是过眼烟云

淡泊胸怀，独善其身

"淡泊"是一种品德修养，是为人质朴、超逸、恬淡，但不是没有进取心，不是逍遥于"世外桃源"，相反，正是为了追求远大目标而持有的涵养、修炼。"宁静"则是端庄，持重，安然，恬然。即不因宠爱而忘形，不因失落而怅然，不因富贵而骄纵，不因清贫而自惭。宁静是一种执着，无论花开花落、云卷云舒，都要顶得住干扰、耐得住寂寞、经得起诱惑，永远保持一份内心的执着与善良。

这是一个信息过剩的时代，一个烦躁的时代，也是一个物欲横流的时代。面对现实，只要调整好自己的心态，就会活得充实、轻松。古人讲究"修身齐家治国平天下"，是把修身放在第一位的，不修身，何谈齐家治国平天下？所以，一个人首先要加强学习，不断提高自己各方面的修养。遇到不顺心的事不暴躁，而是心态平和、泰然处之，这是性静；一个人一生应该有目标和追求，为了实现自己的人生目标，坚定不移、义无反顾，摒弃这山望着那山高的浮躁之心，不追求缥缈不定、不切实际的幻想。特别是在当今这个物欲横流的社会，面对声色犬马等种种诱惑，无杂念邪念，不因自己的一念之差而饮恨终生，这是念静；在工作、生活中有时难免与人争论，这时要做到平心静气，以理服人。应该考虑如何用事实道理让别人心服口服，保持内心的平静，情绪稳定，设法寻找解决问题、化解矛盾的方法，这是意静；即使在极为愤怒的情况下发作，也能有理有利有节，及时让自己平静下来。行事不急躁、不毛躁、不鲁莽，摒弃急于求成，压住阵脚、稳扎稳打，努力思考并实施最佳策略而致胜，这是行静。

"宁静"和"淡泊"是一对孪生姐妹，步入了宁静，便走进了淡泊。因为淡泊是以心灵的宁静作为人生的乐趣，并以此作为人生的最高享受。面对人生的变幻莫测，人类造就了一种最能体现理性特点的生活方式：淡泊。即远离名利的诱惑，视名利的花冠为囚禁了人的身心枷锁，故洁身自好以坚持心中的是非，以希冀达到一种最佳的生存状态。

让我们在淡泊宁静中感受人生的本义，聆听心灵从净化到升华的声音，在通往智慧的巅峰路途上阅尽人生无穷的春色吧。

看庭前花开花落，宠辱不惊

《菜根谭》中，陈眉公辑录的《幽窗小记》中记录了明人洪应明的对联："宠辱莫惊，闲看庭前花开花落；去留无意，漫随天外云卷云舒。生固欣然，死亦无憾；花落还开，水流不断；我今何有，谁钦安息？明月清风，不劳寻觅。"

现在的人大多觉得活得很累，不堪重负。大家很是纳闷，为什么社会在不断进步，而人的负荷却更重、精神越发空虚、思想异常浮躁？的确，社会在不断前进，也更加文明了。然而文明社会的一个缺点就是造成人与自然的日益分离，人类以牺牲自然为代价，其结果便是陷于世俗的泥淖而无法自拔，追逐于外在的物质而不知什么是真正的美。金钱的诱惑、权力的纷争、宦海的沉浮让人殚心竭虑，是非、成败、得失让人或喜、或悲、或惊、或诧、或忧、或惧，一旦所欲难以实现，一旦所想难以成功，一旦希望落空成了幻影，就会失落、失意乃至失志。

我们主张人生应当宠辱不惊，并不是要人们从此处于麻木状态，放弃力争上游的锐意与拼劲，而是面对宠与辱都要静下心来，审视自己，不能遇辱一蹶不振，心如枯井，意志消退，惶惶不可终日；也不能得宠就桀骜不驯，咄咄逼人，甚至忘记了自己姓甚名谁。宠辱不惊，是一门生活艺术，更是一种处世智慧。

得人信宠时勿轻狂，莫忘"贺者在门，吊者在闾"；受人侮辱时忌激愤，犹记"吊者在门，贺者在闾"，如此清醒应对，便不难达到"不以物喜，不以己悲"的思想境界。古往今来万千事实证明，凡是有所成就者无不具有"宠辱不惊"这种极可宝贵的品格。

19世纪中叶，美国实业家菲尔德率领他的船员和工程师们，用海底电缆把"欧美两个大陆联结起来"。菲尔德因此被誉为"两个世界的统一者"，一举而成为美国最光荣、最受尊敬的英雄。但因技术故障，刚接通的电缆传送信号中断，顷刻之间，人们的赞辞颂语骤然变成愤怒的狂涛，纷纷指责菲尔德是"骗子"。面对如此悬殊的宠辱差距，菲尔德泰然自若，一如既往地坚持自己的事业。经过6年努力，海底的电缆最终成功地架起了欧美大陆的信息之桥。宠也自然，辱也自在，一往无前，否极泰来，菲尔德之所以为菲尔德，基于此。

人生在世，有褒有贬，有毁有誉，有荣有辱，这是人生的寻常际遇，无足为奇。为君子者，无妨宠亦坦然，辱亦淡然，豁达大度，一笑置之。

人生苦旅，等闲视之

时间在不知不觉中悄悄溜走，岁月在漫不经心中静静流逝，生命在平平淡淡中慢慢老去。如今，人生的路程已走完了大半，至今人未悴，心已老，激情不再有，惰气长相随，到了不是结局的结局。

孔子说：三十而立，四十而不惑，五十而知天命。回首沧桑，不禁感叹：三十未立，四十犹惑，现在还碌碌无为，该顺应天命了。人生苦短，岁月无情，命运已定，万事皆休。应该收心敛性，淡定从容地去面对生活、看淡人生。

古往今来，又有多少人能够看淡人生呢？当今社会，物质丰富，生活多彩，物欲横流，食色俱全，又如何能做到看淡人生？

其实，人生谁也看不淡。

看淡人生，只是安然满足者劳碌有得、家和事顺的慰藉；

看淡人生，只是坎坷失意者时运不济、命运多舛的无奈；

看淡人生，只是功成身退者门前冷落、世态炎凉的怅叹。

看淡人生，以一种平静恬淡的态度去对待人生。人生过半，当顺天命，不必对过去懊丧嗟叹，对未来斤斤计较。不必为未知的命运背上沉重的行囊，负重而行。

看淡人生，应是心理上的定位：人生过半，当明天理，山有高低，人有高下。命中若有自会有，命中若无莫强求；

看淡人生，应是心态上的调整：人生在世，当解天律，生不带来，死不带去，万里长城今犹在，不见当年秦始皇；

看淡人生，应是心情上的纾解：人生如梦，当知天乐，对酒当歌，人生几何，遇饮酒时须饮酒，得高歌处且高歌。

看淡人生，应看淡功名利禄，看轻荣辱得失。富贵无意，荣辱不惊，厚德积福，逸心补劳。

看淡人生，应坚持自我，为自己而活。酒逢知己饮，诗向会人吟。坦荡磊落，不卑不亢。不趋炎附势，不摧眉折腰。

看淡人生，应知足常乐，坦然面对现实，从容应对艰难，淡定承受困苦，少一分失落，少一分困扰，多一分满足，多一分快乐。

看淡人生，是一种境界与豁然。涉世历事，有所为，有所不为；有所争，有所不争；有所求，有所不求。自身利益不轻丢，身外利益不强求。

看淡人生，是一种包容与释怀。持身待人，以责人之心责己，恕己之心恕人，渡尽劫难兄弟在，相逢一笑泯恩仇。

看淡人生，是一种责任与义务。人生过半，当知父母恩深终有别，夫妻义重也分离。应孝敬父母，夫妇互重，关爱子女，呵护家庭。

看淡人生，使心灵不再受世俗的羁绊，潇潇洒洒，淡淡定定，从从容容，快快乐乐。把紧锁的眉头舒展，让久违的笑声从心底传出。

人生如梦，看淡人生，才能对人生中的那些坎坷失望能等闲视之。

荣耀和痛苦只属于过去

我们应该学会忘记过去，无法忘记过去的人，常常会连今天也失去；沉迷于昨日的人，很可能也会错过了人生美丽的金秋、辉煌的未来。活在昨天里的人不愿意面对今天和各种变化，当今天发生新变化时，他就会茫然不知所措，变得烦躁不安。

时光的流逝永不停息，我们应该学会忘记过去的成功，因为还有更多美好的事在等着我们。

我们无法抗拒生命的流逝，就像我们无法抗拒每天太阳的东升西落。因此，我们应学会忘记。不要总把命运加给我们的一点儿痛苦在我们有限的生命里反复咀嚼，那样将得不偿失，百害无一利；一味地缅怀和沉醉其中，只能使我们意志薄弱。长此以往，必然导致我们错失时机以致一事无成，如此恶性循环，也必然使得我们的痛苦与日俱增。

生活是一个万花筒，内容五花八门，纷繁复杂。谁能奢望一览无余？因此，我们应该学会忘记。忘记过去的成败得失，以饱满的精神、愉快的心情、坦然的心境致力于今天的事业。社会日新月异地变化，对我们事业的要求必然也水涨船高，如果我们总是沾沾自喜过去的劳苦功高，必然会成为时代潮流的被淘汰者。

学会忘记吧，忘记过去的辉煌，因为那已随着时光的流逝一去复返，已变成不值得炫耀的历史。"好汉不提当年勇"，一味地沉迷与自娱其中，只会导致我们不思进取、固步自封，荒芜今天的学业或者事业，而人生路漫漫，更大的成绩等待我们去创造，更多的果实等待我们去撷取。

忘记昨天，是为了今天的振作。干大事业往往会为一时得失所羁绊，而成功人士都懂得应该怎样让昨天的惨败变作明日的凯旋。

忘记过去，让整个身心沉浸在悠闲无虑的宁静中，体味人生多姿多彩的缤纷。

忘记他人对你的伤害，忘记朋友对你的背叛，忘记你曾经被的被欺骗的愤怒、被羞辱的耻辱，你会觉得你已变得豁达宽容，你已能掌握你的生活，你会更加主动、有信心、充满力量地去开始全新的生活。

时刻保持一份淡然的心境

人在太多的时候活的是一种心境，也就是一种感觉。一个人应理清自己的思绪，知道自己能做什么和该做什么。人的一生不可能风平浪静、一帆风顺，但要是真遇到了事情，能淡定自如、顺其自然就是一种很好的心态，也是一种很高的素质，这也是我们一直追求的人生目标。

人在太多的时候，并不在乎事情的本身，任何事情随着时间的流逝都能被淡忘，或被封尘在记忆的最深处，而真正走不出的总是自己的心。人要是能换位思考，学会逆向思维，往往事情就好办多了，苦思冥想的问题也就很容易想通了。任何事情都是一样的结果，真情能经得住时间的考验，假意终究会失去耐心；伪装最终会被识破，真相总会大白于天下。

人在太多的时候只注重事情的结果，而忽视整个过程的享受；其实过程远比结果更有魅力。会享受过程的人才是真正懂得享受人生的人，因往往你寄予的希望有多大，失望也就有多大。

人在太多的时候总以为自己是反传统的，可真遇到事情了，不一定就比别人做得更好，临了也免不了被别人笑话，可终究忘了要是站在传统里反传统，只能是站在原地。人生一世，贫与富、贵与贱、荣与辱、得与失在所难免，重要的是我们应当学会在生活中寻找一个平衡的坐标，让自己不因得意而张扬，不因失意而沉沦，在面对生命的大喜大悲或者生死无常的时候，能以一种淡然的心态来对待一切，而那些人生中的名缰利锁和悲欢离合也自会纷纷落地成尘。正所谓："真英雄自洒脱，真名士自风流。"

不经历风雨怎能见彩虹，成功也好，失败也罢，所有的事情都来的很自然。有失败就会有成功，有完美就会有缺陷，保持顺其自然的心境面对生活，面对人生记忆里或者正在发生的新鲜的事和物。曾经拥有的不要忘记，已经得到的要更加珍惜，属于自己的不要放弃，已经失去的就留作回忆，想要得到的就要更加努力。

淡定不是平庸，而是一种超然的生活态度，你可以在平淡中感受着寻常的幸福——身边不会缺少好心人，父母总是在你最需要的时候给你最大的支持，庆幸也还有那么几个知心好友……我们要在平凡的生活里怀揣一颗感恩之心，学会赞美，学会宽容，把信心的口袋装满，修复日见粗砺的灵魂，活得简单而有味道。

事业重如山，名利淡如水

人生只有两条船，一条为名，一条为利。也许，应该属于你的"名"，得到者非你；也许应该是你的"利"，拥有者非你。视名利淡如水，看事业重如山，真正体现人生价值的，不是一个人名利的多少，而是看你做了什么，做成了什么，你是否拥有足够的自信与坦诚。

虽然世人都知道名利只是身外之物，但是却很少有人能够躲过名利的陷阱，一生都在为名利所劳累，甚至为名利而生存。一个人如果不能淡泊名利，就无法保持心灵的纯真，终生犹如夸父追日般看着光芒四射的朝阳，却永远追寻不到，到头来只能得到疲累与无尽的挫折。其实静心观察这个物质世界，即使不去刻意追赶，阳光也仍旧会照耀在我们身上。

世界上最著名的大科学家爱因斯坦和居里夫人，对大多数人所汲汲追求的名声、富贵、或奢华都看得非常轻淡，也因此留下了无数的佳话。尽管是国际知名的大科学家，爱因斯坦却说："除了科学之外，没有哪一件事物可以使他过分喜爱，而且他也不过分讨厌哪一件事物。据说在一次旅行中，某艘船的船长为了优待爱因斯坦，特意让出全船最精美的房间等候他，爱因斯坦竟然严词拒绝了。他表示自己与他人并无差异，所以不愿意接受这种特别优待。这种虚怀若谷、坦然率真的人品，成为许多人诚心敬佩的对象。

居里夫妇在发现镭之后，世界各地纷纷来信希望了解提炼的方法。居里先生平静地说："我们必须在两种决定中选择一种。一种是毫无保留地说明我们的研究成果，包括提炼方法在内。"居里夫人做了一个赞成的手势说："是，当然如此。"居里先生继续说："第二个选择是我们以镭的所有者和发明者自居，但是我们必须先取得提炼铀沥青矿技术的专利执照，并且确定我们在世界各地造镭业上应有的权利。"取得专利代表着他们能因此获得巨额的金钱、舒适的生活，还可以传给子女一大笔遗产。但是居里夫人听后却坚定地说："我们不能这么做，如果这样做，就违背了我们原来从事科学研究的初衷。"她轻而易举地放弃了这唾手可得的名利，如此淡泊名利的人生态度，使人们都能感受到她不平凡的气度。她一生获得各种奖章 16 枚，各种荣誉头衔 117 个，自己却丝毫不以为意。有一天，她的一位女性朋友来她家做客，忽然看见她的小女儿正在玩弄英国皇家学会刚刚奖给她的一枚金质奖章，不禁大吃一惊，连忙问她："居里夫人，那枚奖章是你极高的荣誉，你怎么能给孩子拿去玩呢？"居里夫人笑了笑说："我是想让孩子从小就知道，荣誉就像玩具一样，只能玩玩而已，绝不能永远守着它，否则就将一事无成。"

两位科学大师的非凡气度为拼命追求名利的世人留下了一面明亮的镜子。一个人如果拥有一颗纯真的心灵，在自己应该做的事情中尽了全力，他的成就自然而然就会显现出来，他理所当然可以得去应该得到的人世间的荣耀。"所以，淡泊名利、无求而自得才是一个人走向成功的起点。

是非成败转头空

不要以成败论人生，一切由心而出的经历都是尊贵的，都是神圣的。

成功与失败客观地摆在世人面前，然而，人们都渴望成功、不愿失败。成与败都不以人的主观愿望为转移，而是取决于人们对生命之舟的驾驶能力，但只要成不骄、败不馁，一旦成功自欢喜，直面失败也风流。

成功是一种社会概念，事业的成功是属于个人的，也是属于社会的。希望成功是一种良好的愿望，成功意味着辛勤的汗水结出了丰收的硕果；意味着奋力地攀登跨上了崭新的台阶；意味着艰辛的求索取得了重大的突破。"如果你希望成功，当以恒心为良友，以经验为参谋，以当心为兄弟，以希望为哨兵（爱迪生语）。"当你满载着这些"天兵天将"出航，成功就在彼岸。

一个人为自己的事业取得进步与成功而高兴乃人之常情，也无可厚非，同时真诚地为别人的进步与成功而高兴则难能可贵。然而一个有良好的思想、品德、气度、情操的人，总是以人类的进步为重，由衷地为别人获得进步与成功高兴，并给予热情支持和帮助。正如一位哲人所说："生命的另一种意义，便是为别人掌一盏灯。"为别人掌一盏灯，就会使人们像星星一样彼此照耀，世界就会变得更加光明、更加灿烂、更加辉煌。

失败是一种带有怪异的麻辣味道的特殊食品。初次品尝，生性浮躁的人免不了大摇其头，大咋其舌，不堪卒食；气质沉稳者则会细细咀嚼，从中吸收有益的营养成分。

世界上没有人希望失败光顾自己，但失败却常常不可避免。它是组成生命不可或缺的环节，是生活乐章中并非多余的音符。没有失败的人生，就像没有盐的食物，是缺憾的、寡味的人生。

不愿失败是一种理想，正视失败是一种修养。面对失败时有的人站在高处看待它，冷静地总结教训，结果获得了力量和智慧；有的人陷入失败的泥沼不能自拔，因而丧失了勇气和信心。前者是暂时的失败，后者是彻底的失败。暂时的失败，失掉的仅是一次成功的机会，并没有失去成功本身；彻底的失败是在失去了成功本身的同时，连自己也失掉了。

的确，"失败"是个消极的字眼，连它的声音都是消极的。除了"死亡"之外，没有别的字眼比它更令人生畏，但是不可避免，我们每个人在人生道路上都要或多或少地遇上它，那该如何去面对呢？其实只要有一个积极的思维和心态，然后有达到目标的坚定信念和毅力，这样，失败就不再成为成功路上的绊脚石。

　　不管是成功还是失败，其实都是一样的，人生百年，白驹过隙，是非成败转头空，古今多少事，都不过是一场笑谈而已，无须太在意。

第五章

得之坦然，失之淡然

得到未必幸福，失去未必痛苦

痛苦常常由欲望而生，追寻的时候苦于没有得到，得到的时候却又害怕将来的失去。欲望太多，又怎么能活得快乐呢？

有一只木车轮因为被砍下了一角而伤心郁闷，它下决心要寻找一块合适的木片重新使自己完整起来，于是它开始了长途跋涉。

不完整的木车轮走得很慢，一路上，阳光柔和，它认识了各种美丽的花朵，并与草叶间的小虫攀谈；当然也看到了许许多多的木片，但都不太合适。

终于有一天，车轮发现了一块大小形状都非常合适的木片，于是马上将自己修补得完好如初。可是欣喜若狂的轮子忽然发现，眼前的世界变了，自己跑得那么快，根本看不清花朵美丽的笑脸，也听不到小虫善意的鸣叫。

车轮停下来想了想，又把木片留在了路边，自个儿走了。

失去了一角，却饱览了世间的美景；得到想要的圆满，步履匆匆，却错失了怡然的心境，所以有时候失也是得，得即是失。也许当生活有所缺陷时，我们才会深刻地感悟到生活的真实，这时候，失落反而成全了完整。

从上面的故事中我们不难发现，尽善尽美未必是幸福生活的终点站，有时反而会成为快乐的终结者。得与失的界限，你又如何准确地划定呢？当你因为有所缺失而执着追求完美时，也许会忘却头顶那一片晴朗的天空。

据说，爱斯基摩人捕猎狼的办法世代相传，非常特别，也极甚有效。严冬季节，他们在锋利的刀刃上涂上一层新鲜的动物血，等血冻住后，他们再往上涂第二层血；再让血冻住，然后再涂……

就这样，刀刃很快就被冻血掩藏得严严实实了。

然后，爱斯基摩人把血包裹住的尖刀反插在地上，刀把结实地扎在地上，刀尖朝上。当狼顺着血腥味找到尖刀时，它们会兴奋地舔食刀上新鲜的冻血。融化的血液散发出强烈的气味，在血腥的刺激下，它们会越舔越快，越舔越用力，不知不觉所有的血被舔干净，锋利的刀刃就会暴露出来。

但此时，狼已经嗜血如狂，它们猛舔刀锋，在血腥味的诱惑下，根本感觉不到自己的舌头被刀锋划开的疼痛。

在北极寒冷的夜晚，狼完全不知道它舔食的其实是自己的鲜血。它只是变得更加贪婪，舌头抽动得更快，血流得也更多，直到最后精疲力竭地倒在雪地上。

生活中很多人都如故事中的狼，在欲望的漩涡中越陷越深，又像漂泊于海上不得不饮海水的人，越喝越渴。

可见，得与失的界限，你永远也无法准确定位，自认为得到的越多，可能失去的也会越多。所以，与其把生命置于贪婪的悬崖峭壁边，不如随性一些，洒脱一些，不患得患失，做到宠辱不惊，保持自己独有的理智。

坦然地面对所有，享受人生的一切，世事无绝对，得到未必幸福，失去也不一定痛苦。

失去可能是一种福音

人生就像一次旅行。在行程中，你会用心去欣赏沿途的风景，同时也会接受各种各样的考验。这个过程中，你会失去许多，但是，你同样也会收获很多，因为，失去所传递出来的并不一定都是灾难，也可能是福音。

有一位住在深山里的农民，经常感到环境艰险，难以生活，于是四处寻找致富的好方法。一天，一位从外地来的商贩给他带来了一样好东西，尽管在阳光下看去那只是一粒粒不起眼的种子。但据商贩讲，这不是一般的种子，而是一种叫作"苹果"的水果种子，只要将其种在土壤里，两年以后，就能长成一棵棵苹果树，结出数不清的果实，运到集市上，可以卖好多钱呢！

欣喜之余，农民急忙将苹果种子小心收好，但脑海里随即涌现出一个问题：既然苹果这么值钱、这么好，会不会被别人偷走呢？于是，他特意选择了一块荒僻的山野来种植这种颇为珍贵的果树。

经过近两年的辛苦耕作，浇水施肥，小小的种子终于长成了一棵棵茁壮的果树，并且结出了累累硕果。

这位农民看在眼里，喜在心中。嗯！因为缺乏种子的缘故，果树的数量还比较少，但结出的果实也肯定可以让自己过上好一点儿的生活。

他特意选了一个好日子，准备在这一天摘下成熟的苹果，挑到集市上卖个好价钱。当这一天到来时，他非常高兴，一大早便上路了。

当他气喘吁吁地爬上山顶时，心里猛然一惊，那一片红灿灿的果实，竟然被山里的飞鸟和野兽们吃了个精光，只剩下满地的果核。

想到这几年的辛苦劳作和热切期望，他不禁伤心欲绝，大哭起来。他的财富梦就这样破灭了。在随后的岁月里，他的生活仍然艰苦，只能苦苦支撑下去，一天一天地熬日子。不知不觉之间，几年的光阴如流水一般逝去。

一天，他偶然来到了这片山野。当他爬上山顶后，突然被眼前的一幕惊呆了，因为在他面前出现了一大片茂盛的苹果林，树上结满了红红的苹果。

这会是谁种的呢？在疑惑不解中，他思索了好一会儿才找到了一个出乎意料的答案。这一大片苹果林都是他自己种的。

几年前，当那些飞鸟和野兽在吃完苹果后，就将果核吐在了旁边。就这样，果核里的种子慢慢发芽生长，终于长成了一片更加茂盛的苹果林。

现在，这位农民再也不用为生活发愁了，这一大片苹果林足以让他过上幸福的生活。

从这个故事当中我们可以看出，有时候，失去是另一种获得。花草的种子失去了在泥土中的安逸生活，却获得了在阳光下发芽微笑的机会；小鸟失去了几根美丽的羽毛，经过跌打，却获得了在蓝天下凌空展翅的机会。人生总在失去与获得之间徘徊。没有失去，也就无所谓获得。

生活中，一扇门如果关上了，必定有另一扇门打开。你失去了一种东西，必然会收获另一种东西。关键是，你要有乐观的心态，相信有失必有得。要舍得放弃，正确对待你的失去，因为失去可能是一种生活的福音，它预示着你的另一种获得。

多求则穷，喜舍致富

阎罗殿上，判官问两个即将投胎的小鬼："人间现有两处人家可以投生，你们可以选择。一个一生都会不断地从别人那里获得东西，另一个恰恰相反，一辈子都会忙着把自己的东西送给他人，你们要怎么选择？"

小鬼甲抢先说道："我要做那个一生都从别人那里拿东西的人。"

小鬼乙说："请您让我投生为那个一生都在给予的人吧！"

最后两个小鬼都遂了心愿：甲成了乞丐，一生潦倒街头受人恩惠；乙投生富贵人家，一生享尽富贵并时刻都在接济他人。

小鬼甲可能怎么也想不通为何会是这样的结局。按照因果关系，贫穷通常与悭吝互相牵绊，宽裕一般与慈悲不离左右。所以，不知满足、意在索取的小鬼只能做乞丐，而懂得知足，愿意为他人付出的小鬼乙却一生过得洒脱。

人心得不到满足，总想着追求更多更好的东西，只能沉溺于欲望的漩涡。懂得知足，不作非法的多求的人，却能"常念知足，安贫守道，唯慧是业"。

"祸莫大于不知足"，这是《道德经》中的名言。孟子也说："养心莫善于寡欲。"两者所说的是相同的道理。所谓"布衣桑饭，可乐终身"，高僧弘一法师自身的经历就很好地体现了这一点。

"我的棉被面子，还是出家以前所用的；又有一把洋伞，也是1911 年买的。这些东西，即使有破烂的地方，请人用针线缝缝，仍旧同新的一样了。简单可尽我形寿，受用着哩！不过，我所穿的小衫裤和罗汉草鞋一类的东西，却须五六年一换，除此以外，一切衣物，大都是在家时候或是初出家时候制的。"

"从前常有人送我好的衣服或别的珍贵之物，但我大半都转送别人。因为我知道我的福薄，好的东西是没有胆量受用的。又如吃东西，只有在生病的时候吃一些好的，除此以外，从不敢随便乱买好的东西吃。"

弘一法师有一颗知足的心，他在简单朴素的生活中享受到了快乐，这是心灵的富足。现实生活中有几个人能够做到呢？

穿衣的本质目的是为了保暖，但多少人看不到那些衣不蔽体、瑟瑟发抖的客人，非要为了追求表面的虚伪华丽和所谓的"名牌"一掷千金；吃饭的目的是为了填饱肚子，但多少人瞧不上家常的一日三餐，非要山珍海味、满汉全席不可，甚至妄杀其他动物来满足自己的口腹之欲。不知满足的人必将一点点消耗掉之前累积的福报，背负上越来越沉重的人生的债务。

比如一个人因偶然机缘在路上捡到一张百元纸钞，如果他把这当作上天的恩赐，可能会用来做一些善事；但如果他拿到这笔意外之财后希望还能有这样的运气，并开始每天都低着头走路，那么久而久之，他可能会捡到成千颗纽扣、上万根钢针，但却也因此错过了落日的绮丽、幼童的欢颜、大自然中的鸟语花香，以至于把青春都荒废在这段路上了。

"多求的结果是穷，喜舍的结果才是富。"东西多了，心为形役，生活反而没了安定；东西虽少，但自觉知足，就能感受到生命的和谐与喜乐。

想抓住的太多，能抓住的太少

俗话说："人心不足蛇吞象。"永不满足的欲望一方面是人们不懈追求的原动力，成就了"人往高处走，水往低处流"的箴言；另一方面也诠释了"有了千田想万田，当了皇帝想成仙"的人性弱点。

在生活中，人们总喜欢抓点什么，房子、金钱、名利……抓得世界五彩缤纷，抓得自己精疲力竭。

唐代文学家柳宗元曾写过一篇名为《蝜蝂传》的散文，文中提到了一种善于背负东西的小虫蝜蝂，它行走时遇见东西就拾起来放在自己的背上，高昂着头往前走。它的背发涩，堆放到上面的东西掉不下来。背上的东西越来越多，越来越重，不肯停止的贪婪行为，终于使它累倒在地。

人心常常是不清净的，之所以混乱是因为物欲太盛。人生在世，很难做到一点欲望也没有，但是物欲太强，就容易沦为欲望的奴隶，一生负重前行。每个人都应学会轻载，更应学会知足常乐，因为心灵之舟载不动太多欲望。

从前，一个想发财的人得到了一张藏宝图，上面标明在密林深处有一连串的宝藏。他立即准备好了一切旅行用具，特别是他还找出了四五个大袋子用来装宝物。一切就绪后，他进入那片密林。他斩断了挡路的荆棘，蹚过了小溪，冒险冲过了沼泽地，终于找到了第一个宝藏，满屋的金币熠熠夺目。他急忙掏出袋子，把所有的金币装进了口袋。离开这一宝藏时，他看到了门上的一行字："知足常乐，适可而止。"

他笑了笑，心想：有谁会丢下这闪光的金币呢？于是，他没留下一枚金币，扛着大袋子来到了第二个宝藏，出现在眼前的是成堆的金条。他见状，兴奋得不得了，依旧把所有的金条放进了袋子，当他拿起最后一根金条时，上面刻着："放弃了下一个屋子中的宝物，你会得到更宝贵的东西。"

他看了这一行字后，更迫不及待地走进了第三个宝藏，里面有一块磐石般大小的钻石。他发红的眼睛中泛着亮光，贪婪的双手抬起了这块钻石，放入了袋子中。他发现，这块钻石下面有一扇小门，心想，下面一定有更多的东西。于是，他毫不迟疑地打开门，跳了下去，谁知，等着他的不是金银财宝，而是一片流沙。他在流沙中不停地挣扎着，可是他越挣扎陷得越深，最终与金币、金条和钻石一起长埋在流沙下了。

如果这个人能在看了警示后立刻离开，能在跳下去之前多想一想，那么他就会平安地返回，成为一个真正的富翁。物质上永不知足是一种病态，其病因多是权力、地位、金钱之类引发的。这种病态如果发展下去，就是贪得无厌，其结局是自我爆炸、自我毁灭。如星云大师所言，"世间一切我们能抓住的只是很少的一部分，又何苦为了抓住更多从而失去更多呢？"

所以，生活中的我们应该明白：即使你拥有整个世界，你一天也只能吃三餐。这是人生感悟后的一种清醒，谁真正懂得它的含义，谁就能活得轻松，过得自在，白天知足常乐，夜里睡得安宁，走路感觉踏实，蓦然回首时没有遗憾！

《伊索寓言》中有这样一句话："有些人因为贪婪，想得到更多的东西，却把现在所拥有的也失掉了。"人赤条条地来到这个世界上，不可能永久地拥有什么。现代西方经济学最有影响力的经济学家凯恩斯曾经说过："从长期来看，我们都属于死亡，人生是这样短暂，即使身在陋巷，我们也应享受每一刻美好的时光。"

善于取舍的智慧

懂得放弃才有快乐，背着包袱走路总是很辛苦。中国历史上，"魏晋风度"常受到称颂，在人世的生活里，有一分出世的心情，是一种不把心思凝结在一个死结上的心态。

我们在生活中，时刻都在取与舍中选择，我们又总是渴望取，渴望占有，常常忽略了舍，忽略了占有的反面：放弃。懂得了放弃的真意，也就理解了"失之东隅，收之桑榆"的含义。多一点儿中和思想，静观万物，体会与世界一样博大的意境，就会懂得适时地放弃，这正是我们获得内心平衡和快乐的好方法。

每个人都有自己的发展道路，都要面临无数次的抉择。当机会到来时，只有那些树立远大人生目标的人，才能作出正确的取舍，把握自己的命运。

树立了远大目标，面对人生的重大选择就有了明确的衡量准绳。孟子曰："舍生取义。"这是他的选择标准，也是他人生的追求目标。

唐代诗人李白曾有过"仰天大笑出门去，我辈岂是蓬蒿人。"的名句，潇洒之中，透出自己建功立业的豪情壮志。凭借生花妙笔，他很快名扬天下，做了翰林学士。

但是一段时间之后，他发现自己不过是替皇上点缀升平的御用文人。这时的李白就面临一个选择，是继续安享荣华富贵，还是浪迹天涯呢？以自己的追求目标作为衡量标准，李白毅然选择了"安能摧眉折腰事权贵，使我不得开心颜，"弃官而去。

一些看似无谓的选择，其实是奠定我们一生重大抉择的基础，古人云："不积跬步，无以至千里；不积小流，无以成江海。"无论多么远大的理想，多么伟大的事业，都必须从小处做起，从平凡处做起，所以对于看似琐碎的选择，也要慎重对待，考虑选择的结果是否有益于自己树立的远大目标。

很多人觉得学习之余放松一下不会影响什么。确实，劳逸结合对学习来说是十分必要的。但是，学习任务没有完成就去玩游戏，明天要考试今天还去郊游而不复习，这样的选择多了，就会陷入享乐的诱惑中不能自拔，进取心就会逐步丧失。最近新闻经常报道，一些中、小学生痴迷于电子游戏，发展由旷课至逃学，甚至夜不归宿，有的还陷入犯罪的深渊。他们当初面临选择学习还是玩游戏时，也认为自己只是暂时放松一下，但几次之后，便忘记了自己的远大目标，身陷迷途。大学系统教育是我们实现自己人生目标的必要辅助手段，用游戏时间或郊游等休闲时间用在学习上，是为了实现上大学的目标，为此放弃自己的一些爱好是值得的。

在人生的关键问题上明确"舍得"

"鱼，我所欲也；熊掌，亦我所欲也，二者不可得兼，舍鱼而取熊掌也。"当我们面临选择时，必须学会放弃。放弃，并不意味着失败。像下围棋一样，小的利益虽然放弃，得到的却是更大的利益。但如果想兼得"鱼和熊掌"，恐怕连鱼也得不到了。

在人生的紧要关头，在决定前途和命运的关键时刻，我们不能犹豫不决、徘徊彷徨，而必须明于决断，敢于放弃。法国艺术家杜拉斯曾说："人之一生，不可能什么东西都能得到，总有可惜的事情，总有放弃的东西。不会放弃，就会变得极端贪婪，结果什么东西都得不到。"

　　人生的获得和丧失，很多都无法由我们自己来左右。有些时候，坚持未必就是好事，或许舍弃才是洒脱，是智者面对生活的明智选择。做一件自己做不到的事情，是对生命的一种浪费，所以有些时候只有学会舍弃，才能卸下人生的种种包袱，轻装上阵。

　　加拿大魁北克有一条南北走向的山谷。山谷没有什么特别之处，唯一能引人注意的是它的西坡长满松、柏、女贞等树，而东坡却只有雪松。这一奇异景色之谜，许多人不知所以，然而揭开这个谜的，竟是一对夫妇。

　　那是1993年的冬天，这对夫妇的婚姻正濒于破裂的边缘，为了找回昔日的爱情，他们打算做一次浪漫之旅，如果能找回就继续生活，否则就友好分手。他们来到这个山谷的时候，下起了大雪，他们支起帐篷，望着满天飞舞的大雪，发现由于特殊的风向，东坡的雪总比西坡的大且密。不一会儿，雪松上就落了厚厚的一层雪。不过当雪积到一定程度，雪松那富有弹性的枝丫就会向下弯曲，直到雪从枝上滑落。这样反复地积，反复地弯，反复地落，雪松完好无损。可其他的树，却因没有这个本领，树枝被压断了。妻子发现了这一景观，对丈夫说："东坡肯定也长过杂树，只是不会弯曲才被大雪摧毁了。"少顷，俩人突然明白了什么，拥抱在一起。

　　生活中我们承受着来自各方面的压力，久而久之终将让我们难以承受。这时候，我们需要像雪松那样弯下身来。舍弃一些东西，不要一味地固执，才能够重新挺立，从而避免压断的结局。舍弃是为了更好的选择，更好的生活，在人生的一些关键问题上，我们要明确"舍得"，这种舍弃并不是低头或失败，而是为了更好的选择，更好的生活。

曾经有这样一个故事：

父亲给孩子带来一则消息，某一知名跨国公司正在招聘计算机网络员，录用后薪水自然是丰厚的，而且这家公司很有发展潜力，近些年新推出的产品在市场上十分走俏。孩子当然是很想应聘的。可在职校培训已近尾声了，这要真的给聘用了，一年的培训就算天折了，连张结业证书都拿不上。孩子犹豫了。

父亲笑了，说要和孩子做个游戏。他把刚买的两个大西瓜放在孩子面前。让他先抱起一个，然后，要他再抱起另一个。孩子瞪圆了眼，一筹莫展。抱一个已经够沉的了，两个是没法抱住的。

"那你怎么把第二个抱住呢？"父亲追问。

孩子愣神了，还是想不出招来。

父亲叹了口气："哎，你不能把手上的那个放下来吗？"

孩子似乎缓过神来，说："是呀，放下一个，不就能抱上另一个了吗！"

孩子这么做了。父亲于是提醒：这两个总得放弃一个，才能获得另一个，就看你自己怎么选择了。孩子顿悟，最终选择了应聘，放弃了培训。后来，他如愿以偿地成了那家跨国公司的职员。

是啊！如果你什么都不舍得，什么都想要，那又何来心想事成、梦想成真呢？

由美国励志演讲者杰克·坎菲尔和马克·汉森合作推出的《心灵鸡汤》系列读本，这些年来被翻译成数十种语言，感动、激励了无数的人。可是谁能想到在开始写作之前，马克·汉森经营的却是建筑业呢？

原来马克在建筑业经营彻底失败，自己也破产之后，果断地选择了放弃，选择了彻底退出建筑业，并忘记有关这一行的一切知识和经历，甚至包括他的老师——著名建筑师布克敏斯特·富勒。他决定去一个截然不同的领域创业。

他很快就发现自己对公众演说有独到的领悟和热情，同时这是最容易赚钱的职业。一段时间之后，他成为一个具有感召力的一流演讲师。后来，他的著作《心灵鸡汤》和《心灵鸡汤2》先后登上《纽约时报》的畅销书排行榜，并停留数月之久。

马克放弃了建筑业，但是你不能简单地说他是个半途而废的人，要知道，在人生的关键问题上，能够明确的"舍得"才能做出更好的选择，从而获得成功。

与其抱残守缺，不如断然放弃

我们常听到人们如此哀叹："要是……就好了！"这是一种明显的内疚、悔恨情绪，而我们每个人都会不时地发出这种哀叹。

悔恨不仅是对往事的关注，也是由于过去某件事产生的现时惰性。如果你由于自己过去的某种行为而到现在都无法积极生活，那便成了一种消极的悔恨了。吸取教训是一种健康有益的做法，也是我们每个人不断取得进步与发展的重要方法。悔恨则是一种不健康的心理，它会白白浪费自己目前的精力。实际上，仅靠悔恨是无法解决任何问题的。

爱默生经常以愉快的方式来结束每一天。他告诫人们："时光一去不返，每天都应尽力做完该做的事。疏忽和荒唐事在所难免，要尽快忘掉它们。明天将是新的一天，应当重新开始，振作精神，不要使过去的错误成为未来的包袱。"

要成为一个快乐的人，重要的一点是学会将过去的错误、罪恶、过失通通忘记，努力向着未来的目标前进。

一位智者在行驶的火车上，不小心把刚买的新鞋弄掉了一只，周围的人都为他惋惜。不料他立即把另一只鞋从窗口扔了出去，让人大吃一惊。他解释道："这一只鞋无论多么昂贵，对我来说也没有用了，如果有谁捡到一双鞋，说不定还能穿呢！"

显然，智者的行为已有了价值判断：与其抱残守缺，不如断然放弃。我们都有过失去某种重要东西的经历，且大都在心里留下了阴影。究其原因，就是我们并没有调整心态去面对失去，没有从心理上承认失去，总是沉湎于对已经不存在的东西的怀念。事实上，与其为失去的东西懊恼，不如正视现实，换一个角度想问题：也许你失去的，正是他人应该得到的。

卡耐基先生有一次曾造访希西监狱，他对狱中的囚犯看起来竟然很快乐感到惊讶。监狱长罗兹告诉卡耐基：犯人刚入狱时都认命地服刑，尽可能快乐地生活。有一位花匠囚犯在监狱里一边种着蔬菜、花草，还一边轻哼着歌呢！他哼唱的歌词是：

事实已经注定，事实已沿着一定的路线前进，

痛苦、悲伤并不能改变既定的情势，

也不能删减其中任何一段情节，

当然，眼泪也无补于事，它无法使你创造奇迹。

那么，让我们停止流无用的眼泪吧！

既然谁也无力使时光倒转，不如抬头往前看。

令人后悔的事情，在生活中经常出现。许多事情做了后悔，不做也后悔；许多人遇到了后悔，错过了更后悔；许多话说出来后悔，不说出来也后悔……人生没有回头路，也没有后悔药。过去的已经过去，你再无法重新设计。一味地后悔，会让你错过未来的美好时

光，给未来的生活增添阴影。

只要你心无挂碍，什么都看得开、放得下，何愁没有快乐的春莺在啼鸣，何愁没有快乐的泉溪在歌唱，何愁没有快乐的白云在飘荡，何愁没有快乐的鲜花在绽放！所以，放下就是快乐，不被过去所纠缠，这才是豁达的人生。

第六章

少些挑剔，学会欣赏自己

认识自己，接受自己

有一个叫爱丽莎的美丽女孩，总是觉得自己没有人喜欢，总是担心自己嫁不出去。她认为自己的理想永远实现不了，她的理想也是每一位妙龄女郎的理想：和一位潇洒的白马王子结婚、白头偕老。爱丽莎总以为别人都有这种幸福，自己却一直被幸福拒之于千里之外。

一个周末的上午，这位痛苦的姑娘去找一位有名的心理学家，因为据说他能解除所有人的痛苦。她被请进了心理学家的办公室，握手的时候，她冰凉的手让心理学家的心都颤抖了。他打量着这个忧郁的女孩，她的眼神呆滞而绝望，声音仿佛来自墓地。她的整个身心都好像在对心理学家哭泣着："我已经没有指望了！我是世界上最不幸的女人！"

心理学家请爱丽莎坐下，跟她谈话，心里渐渐有了底。最后他对爱丽莎说："爱丽莎，我会有办法的，但你得按我说的去做。"他要爱丽莎去买一套新衣服，再去修整一下自己的头发，他要爱丽莎打扮得漂漂亮亮的，告诉她星期一他家有个晚会，他要请她来参加。爱丽莎还是一脸闷闷不乐，对心理学家说："就是参加晚会我也不会快乐。谁需要我？我能做什么呢？"心理学家告诉她："你要做的事很简单，你的任务就是帮助我照顾客人，代表我欢迎他们，向他们致以最亲切的问候。"

星期一这天，爱丽莎衣衫合适、发式得体地来到晚会上。她按照心理学家的吩咐尽职尽责，一会儿和客人打招呼，一会儿帮客人端饮料，她在客人间穿梭不停，来回奔走，始终在帮助别人，完全忘记了自己。她眼神活泼，笑容可掬，成了晚会上的一道彩虹，晚会结束后，有三位男士自告奋勇要送她回家。

在随后的日子里，这三位男士热烈地追求着爱丽莎，她终于选中了其中的一位，让他给自己戴上了订婚戒指。不久，在婚礼上，有人对这位心理学家说："你创造了奇迹。""不，"心理学家说，"是她自己为自己创造了奇迹。人不能总想着自己，怜惜自己，而应该想着别人，体恤别人，爱丽莎懂得了这个道理，所以变了。所有的女人都能拥有这个奇迹，只要你想，你就能让自己变得美丽。"

我们的眼睛的作用是：一只眼睛观察世界，一只眼睛发现自己。学会发现自己的优点，这是我们共同的义务，也是寻找自己的优势、挖掘潜能的重要方式。事实上，像爱丽莎对自身产生怀疑，归根结底是因为没有发掘出自己的闪光点，她看到了别人的精彩，却错失了自己的光彩。其实，每个人都是自己最优秀的载体，接受自己，你并不是一无是处。

一生必爱一个人——你自己

每个人都不可能完美无缺，只有从内心接受自己，喜欢自己，坦然地展示真实的自己，才能拥有成功快乐的人生。伟大的哲学家伏尔泰曾言："幸福，是上帝赐予那些心灵自由之人的人生大礼。"这句话足以点醒每一个追求幸福的人：要做幸福的人，你首先要当自己思想、行为的主人。换言之，你只有做自己，做完完全全的自己，你的幸福才会降临！这就是幸福的秘密。

我们都要知道，在这个世界上，你是自己最要好的朋友，你也可以成为自己最大的敌人。在悲喜两极之间的抉择中，你的心灵唯有根植于积极的乐土，你的自信才能在不偏不倚的自爱中获得对人对己的宽宏，达到明辨是非的准确。学会从内心善待自己，你会觉得阳光、鲜花、美景总是离你很近。你平和的心境是滋养自己的优良沃土。

爱自己首先要按自己喜欢的方式去生活。因为我们要想生活得幸福，必须懂得秉持自我，按自我的方式生活。如果你一味地遵循别人的价值观，想要取悦别人，最后你会发现"众口难调"，每个人的喜好都不一样，失去自我，便是自己人生痛苦的根源。

辛迪·克劳馥，对于中国的中青年人来说，几乎是无人不晓。作为一代名模，她也和许多名模一样，缺乏主见，也几乎和许多名模一样，差点儿沦为有钱人摆弄的花瓶。但她及时意识到了自己的个性弱点，主动调整自己的性格，展示出了自己的独特魅力，牢牢将命运掌握在自己手中。

辛迪·克劳馥18岁就进入了大学的校门。大学里的辛迪，是一朵盛开在校园的鲜艳花朵，走到哪里，哪里就发出一阵惊呼。那个时候，她身材修长、亭亭玉立，再加上漂亮的脸蛋，匀称修长的腿，实在是美极了。当时，人们对她赞不绝口。的确，她的整体线条已经是那么地流畅，浑然天成；她的鼻子是那么地挺拔，配上深邃的目光，性感的嘴唇，以及丰满的乳房，浑圆的臀部，一切就像是天造地设似的。难怪，在同学当中，她是那么地引人注目。

在这期间，有一个摄影师发现了她，拍了她一些不同侧面的照片，然后挂在他自己的居室墙上。同时，她的照片刊在《住校女生群芳录》中，她的脸、她的相片、她的名字，第一次出现在刊物上。很快，她被推荐去了模特儿经纪公司。但是一开始，她就碰了壁。这家公司竟说她的形象还不够美。她感到伤心。而令她更感到伤心的是，那个经纪人认为她嘴边的那颗痣，必须去掉，如果不去掉，她就没有前途。但她不肯去掉。

成名之后，她回忆起这件事的时候说："小时候，我一点儿都不喜欢那颗黑痣，我的姐妹们都嘲笑它，而别的孩子总说我把巧克力留在嘴角了。那颗痣让我觉得自己和别人不一样。后来，我开始做模特儿，第一家经纪公司要我去掉那颗痣。但母亲对我说：'你可以去掉它，但那样会留下疤痕。'我听了母亲的话，把它留在脸上。现在，它反而成了我的商标。只有带着它到处走，我才是辛迪·克劳馥。其他人跑来对我说，她们过去讨厌自己脸上的小黑痣，但现在她们却认为那是美丽的。从这个意义上来说，这是件好事，因为人们变得乐于接受属于自己的一切，尽管他们过去并不一定喜欢。"

辛迪·克劳馥的经历告诉我们，你才是你自己的中心，一个人无须刻意追求他人的认可，只要你保持自我本色，按自己的方式生活，生活中没有什么可以压倒你，你可以活得很快乐、很轻松。人应该爱自己的全部，那样你才会感到自身的魅力。一旦你看上去既美丽又自信，就会发现周围的人对你刮目相看了。正如美国歌坛天后麦当娜所说："我的个性很强，充满野心，而且很清楚自己想要什么。就算大家因此觉得我是个不好惹的女人，我也不在乎。"而事实上，并没有人因此而讨厌她，相反，人们更加着迷于她的优美歌声和独特个性。

一切均由爱自己开始

爱，首先从自己开始，只有学会爱自己，才能学会爱他人、爱世界。爱自己不是一种自私行为，我们这里所说的爱并不是虚荣、贪婪、傲慢、自命不凡，而是一种善待自己，对自己无条件接受的行为。如果你能够认识到自己是一个有自尊心的综合体，如果你能够注意养生，保持自己的身心健康，那你就已经学会爱自己了。

我们应该懂得，我们有足够的理由爱自己：一是只有自己才是属于自己的；二是只有热爱自己，才能热爱他人，热爱世界。

我们没有蓝天的深邃，但可以有白云的飘逸；我们没有大海的辽阔，但可以有小溪的清澈；我们没有太阳的光耀，但可以有星星的闪烁；我们没有苍鹰的高翔，但可以有小鸟的低飞。每个人都有自己的位置，每个人都能找到自己的位置。我们应该相信：正因为有了千千万万个"我"，世界才变得丰富多彩，生活才变得美好无比。

认认真真爱自己一回吧——这一回是一百年。

著名心理学家雅力逊指出，人要先爱自己才懂得去爱别人。因为只有视自己为有价值、有清晰的自我形象的人，才可以有安全感、有胆量去爱别人。

爱自己或称自爱，是与自私、以自我为中心不同的一种状态。自私、以自我为中心是一切以私利为重，不但不替别人着想，更可能无视他人利益，为求达到目的不择手段。爱自己，就要会照顾和保护自己、喜欢自己、欣赏自己的长处，同时也要接受自己的短处，从而努力完善自己。

在这种心态之下，我们会学会不少自处之道，更可活学活用在人际关系之中。在接受自己之后，便会有容人的雅量；在懂得欣赏自己之后，便会明白如何欣赏别人；在掌握保护自己的方法之后，亦会悟出"防人之心不可无，害人之心不可有"的道理，也许这就是推己及人的真谛。

一个不爱自己的人，是不会学会爱别人以及接纳别人的。因此，一切均得由爱自己开始。心理学家伯纳德博士说："不爱自己的人崇拜别人，但因为崇拜，会使别人看起来更加伟大而自己则更加渺小。他们羡慕别人，这种羡慕出自内心的不安全感——一种需要被填满的感觉。可是，这种人不会爱别人，因为爱别人就要肯定别人的存在与成长，他们自己都没有的东西，当然也不可能给予别人。"

每个人都有缺点，要想与人建立良好的人际关系，首先必须接受并不完美的自己。谁都不可能十全十美，所以我们必须正视自己、接受自己、肯定自己、欣赏自己。

一个人如果不爱自己，当别人对他表示友善时，他会认为对方必定是有求于自己，或是对方一定也不怎么样，才会想要和自己为伍。这种人会不断地批评自己，从而使别人感到他有问题而尽量避开他；这种人害怕别人越是了解自己就会越不喜欢自己，所以在别人还没有拒绝之前，其潜意识里就会先破坏别人的好感。总之，不爱自己会导致各种问题的发生。当一个人觉得自己很差劲时，周围的人也会跟着遭殃。

因此，在开始爱别人之前，必须先爱自己。世界就像一面镜子，人与人之间的问题大多是我们与自己之间问题的折射。因此，我们不需要去努力改变别人，只要适当转变一下自己的思想，人际关系就会有所改善。

不要拿过去犯下的错误处罚自己

当刘翔从北京奥运会赛场上退下来的时候，他说，下一次我一定会做得很好；当程菲因为一个动作而出现失误的时候，她说，下一次我会吸取教训。尽管没有注意到自己的伤而导致不能坚持到最后，但是刘翔没有一直活在悔恨之中，而是鼓足了勇气面对未来的路；尽管练习了多次的动作没能发挥到最好，但是程菲也没有抓住自己过去所犯的错误不放，而是在总结了经验之后，期待另一次精彩的绽放。

可是，在生活中，有太多的人喜欢抓住自己的错误不放：没能抓住发展的机遇，就一直怨恨自己的不具慧眼；因为粗心而算错了数据，就一直抱怨自己没长大脑；做错了事情伤害到了别人，会为没有及时道歉而自责很久……

人生一世，花开一季，谁都想让此生了无遗憾，谁都想让自己所做的每一件事都永远正确，从而达到自己预期的目的。可这只能是一种美好的幻想。人不可能不做错事，不可能不走弯路。做了错事，走了弯路之后，有谴责自己的情绪是很正常的，这是一种自我反省，是自我解剖与改正的前奏曲，正因为有了这种"积极的谴责"，我们才会在以后的人生之路上走得更好、更稳。但是，如果你抓住后悔不放，或羞愧万分，一蹶不振；或自惭形秽，自暴自弃，那么你的这种做法就是愚人之举了。

卓根·朱达是哥本哈根大学的学生。有一年暑假，他去做导游，他因为总是乐于帮助游客，因此几个芝加哥来的游客就邀请他去华盛顿观光。

卓根抵达华盛顿以后就住进"威乐饭店"，他在那里的账单已经预付过了。

当他准备就寝时，才发现由于自己的粗心大意，放在口袋里的皮夹不翼而飞。他立刻跑到柜台那里。

"我们会尽量想办法。"经理说。

第二天早上，仍然找不到。因为一时的粗心马虎，让自己孤零零一个人待在异国他乡，应该怎么办呢？他越想越是生气，越想越是懊恼，于是想到了很多办法来惩罚自己。

这样折腾了一夜之后，他突然对自己说："不行，我不能再这样一直沉浸在悔恨当中了。我要好好看看华盛顿。说不定我以后没有机会再来了，但是现在仍有宝贵的一天待在这里。好在今天晚上还有飞机到芝加哥去，一定有时间解决护照和钱的问题。"

于是他立刻动身，徒步参观了白宫和国会山，并且参观了几个博物馆，还爬到华盛顿纪念馆的顶端。

等他回到丹麦以后，这趟美国之旅最使他怀念的却是在华盛顿漫步的那一天——因为如果他一直抓住过去的错误不放，那么这宝贵的一天就会白白溜走。

放下过去的错误，向前看，才能有更多的收获。我们一生当中会犯很多错误，如果每一次都抓住错误不放，那么我们的人生恐怕只能在懊悔中度过。很多事情，既然已经没有办法挽回，就没有必要再去惋惜悔恨了。与其在痛苦中挣扎浪费时间，还不如重新找到一个目标，再一次奋发努力。

看到劣势，但别抓住不放

　　每个人都有自己的缺点和不足，如果一味地抓住不放，就只能生活在自卑的愁云里。

　　王璇就是这样，本来是一个活泼开朗的女孩，竟然被自卑折磨得一塌糊涂。王璇毕业于某著名语言大学，在一家大型的外资企业上班。大学期间的王璇是一个十分自信、从容的女孩。她的学习成绩在班级里名列前茅，是男孩们追逐的焦点。然而，最近王璇的大学同学惊讶地发现，王璇变了，原先活泼可爱的她像换了一个人似的，不但变得羞羞答答，甚至其行为也变得畏首畏尾，而且说起话来、干起事来都显得特别不自信，和大学时判若两人。每天上班前，她会为了穿衣打扮花上整整两个小时的时间。

　　为此她不惜早起，少睡两个小时。她之所以这么做，是怕自己打扮不好，遭到同事或上司的取笑。在工作中，她更是战战兢兢、小心翼翼，甚至到了谨小慎微的地步。

　　原来到公司上班后，王璇发现外方人员的服饰及举止显得十分高贵及严肃，让她觉得自己土气十足，上不了台面。于是她对自己的服装及饰物产生了深深的厌恶。第二天，她就跑到商场去了。可是，由于还没有发工资，她买不起那些名牌服装，只能悻悻地回来了。在公司的第一个月，王璇是低着头度过的。她不敢抬头看别人穿的名牌服饰，因为一看，她就会觉得自己穷酸。那些外方的女职员或早于她进入这家公司的中国女人大多穿着一流的品牌服饰，而自己呢，竟然还是一副穷学生样。每当这样比较时，她便感到无地自容，她觉得自己就是混入天鹅群里的丑小鸭，心里充满了自卑。

服饰还是小事，令王璇更觉得抬不起头来的是她的同事们平时用的香水都是洋货。她们所到之处，处处清香飘逸，而王璇自己用的却是廉价的香水。女人与女人之间，聊起来无非是生活上的琐碎小事，内容无非是衣服、化妆品、首饰等等。而关于这些，王璇几乎什么话题都没有。这样，她在同事中间就显得十分孤立，缺少人缘。

在工作中，王璇也觉得很不如意。由于刚踏入工作岗位，工作效率不是很高，不能及时完成上司交给的任务，有时难免受到批评，这让王璇更加拘束和不安，甚至开始怀疑自己的能力。

此外，王璇刚进公司的时候，她还要负责做清洁工作。看着同事们悠然自得的样子，她就觉得自己与清洁工无异，这更加深了她的自卑感……

像王璇这样的自卑者，总是一味地轻视自己，总感到自己这也不行，那也不行，什么也比不上别人。怕正面接触别人的优点，回避自己的弱项，这种情绪一旦占据心头，就会使自己对什么都提不起精神，犹豫、忧郁、烦恼、焦虑也便纷至沓来。

每一个事物、每一个人都有其优势，都有其存在的价值。劣势是在所难免的，可是当我们看到它的时候，只要用心去改正和调整，就可以了，没必要总是抓着它不放，既影响自己的心情，又阻碍未来的发展。

接受天生的限制，改进自己的缺点

每个人都应乐于接受自己，既接受自己的优点，也接受自己的缺点。但事实是，绝大部分人对自己都持有双重的看法，他们给自己画了两张截然不同的画像，一张是表现其优秀品质的，没有任何阴影；另一张全是缺点，画面阴暗沉重，令人窒息。

我们不能将这两幅画像隔离开来，片面地看待自己，而是需要将其放到一起综合考察，最后合二为一。我们在踌躇满志时，往往忽视自己内心的愧疚、仇恨和羞辱；在垂头丧气时，却又不敢相信自己拥有的优点和取得的成绩。我们应该画出自己的新画像，我们应该实事求是地接受自己、了解自己，我们所做的一切都不是十全十美的。很多人常常过分严格地要求自己，凡事都希望做得完美无缺，这是不现实的想法。我们每个人都是综合体，在我们身上都有批评家和勇士的某些性格特征。有时候我们希望支配他人、算计别人，快意于别人的痛苦，但我们有足够的能力使这些恶劣品性服从于我们人格中善良的一面。

纽约的一名精神病医生遇到过这样一个病人，他酒精中毒，已经治疗了两年。有一次，这个病人来看医生，要求进行心理治疗。病人告诉医生说，前两天他被解雇了。当心理治疗完毕后，病人说："大夫，如果这件事发生在一年前，我是承受不住的。我想自己本来可以做得更好，避免这类事情的发生，但却未能做到，为此我会去酗酒。说实话，昨天晚上我还这么想呢。但现在我明白了，事情既然已经发生了，就该正视它，坦然地接受它。失败就像成功一样，是人生中难得的经历，它是我们人生中不可避免的一部分。"

如果我们都能像这位病人一样，坦然接受生活的全部，那么我们就能够正确地看待各种不良的心境。沮丧、残酷、执拗，这些都只是暂时的现象，是人的多种情感之一。有些人要求自己完美无缺，有这种想法的人往往极其脆弱，他们常常会因为对自己过分苛刻而感到绝望。每个人的性格中都有引起失败的因素，也有导致成功的因素。我们应有自知之明，把这两个方面都看作是人性的固有成分，接受它们，进而努力发挥人性中的优点。

有些人因为自己有时候具有消极的破坏性情感，就以为自己是邪恶的，于是一蹶不振，自暴自弃，这很让人惋惜。我们应该明白，少许的性格缺点并不能说明我们就是不受欢迎的人。恩莫德·巴尔克曾说过，以少数几个不受欢迎的人为例来看待一个种族，这种以偏赅全的做法是极其危险的。我们对自己、对别人具有攻击性，怀有仇恨，这些情感是人性的一部分，我们不必因此就厌恶自己，觉得自己就像社会的弃儿一般。意识到这一点，我们就能在精神上获得超脱和自由。

每个人都不是"一无是处"

有一天，大仲马得知自己的儿子小仲马寄出的稿子总是碰壁，就告诉小仲马："如果你能在寄稿时，随稿给编辑先生附上一封短信，说'我是大仲马的儿子'，或许情况就会好多了。"小仲马断然拒绝了父亲的建议，他说："不，我不想坐在你的肩头上摘苹果，那样摘来的苹果没味道。"年轻的小仲马不但拒绝以父亲的盛名做自己事业的敲门砖，而且不露声色地给自己取了十几个其他姓氏的笔名，以避免那些编辑先生们把他和大名鼎鼎的父亲联系起来。

面对那些冷酷无情的退稿笺，小仲马没有沮丧，仍然坚持创作自己的作品。他的长篇小说《茶花女》寄出后，终于以其绝妙的构思和精彩的文笔震撼了一位资深编辑。这位知名编辑曾和大仲马有着多年的书信来往。他看到寄稿人的地址同大作家大仲马的丝毫不差，便怀疑是大仲马另取的笔名，但作品的风格却和大仲马的截然不同。带着这种兴奋和疑问，他迫不及待地乘车造访大仲马家。令他大吃一惊的是，《茶花女》这部伟大作品的作者竟是大仲马名不见经传的年轻儿子小仲马。"您为何不在稿子上署上您的真实姓名呢？"老编辑疑惑地问小仲马。小仲马说："我只想拥有真实的高度。"老编辑对小仲马的做法赞叹不已。

《茶花女》出版后，法国文坛书评家一致认为这部作品的价值大大超越了大仲马的代表作《基督山伯爵》，小仲马一时声名鹊起。不借助父亲的名气，小仲马走出了属于他自己的人生之路。

的确，我们谁都能开垦出属于自己的那块乐土，关键是要相信自己。其实，大仲马在成名前，也同样有过人生的尴尬。

成名前的大仲马穷困潦倒。有一次，大仲马跑到巴黎去拜访父亲的一位朋友，请他帮忙找个工作。父亲的朋友问他："你能做什么？""没有什么了不得的本事，老伯。""数学精通吗？""不行。""你懂得物理吗？或者历史？""什么都不知道，老伯。""会计呢？法律如何？"大仲马满脸通红，第一次知道自己太不行了，便说："我真惭愧，现在我一定要努力补救我的这些不行。我相信不久之后，我一定会给老伯一个满意的答复。"父亲的朋友对他说："可是，你要生活啊。将你的地址留在这张纸上吧。"大仲马无可奈何地写下了他的住址。父亲的朋友叫道："你终究有一样长处，你的名字写得很好呀！"

大仲马在成名前，也曾有过认为自己一无是处的时候。然而，他父亲的朋友却发现了他的一个看似并不是什么优点的优点——把名字写得很好。把名字写得很好，也许你对此不屑一顾：这算什么！然而，不管这个优点有多么"小"，它毕竟是个优点。你可以以此为基地，扩大你的优点范围。名字能写好，字也就能写好；字能写好，文章为什么就不能写好？

我们每一个人，特别是不自信的人，切不可把优点的标准定得太高，而对自身的优点视而不见。不要死盯着自己学习不好、没钱、相貌不佳等不足的一面，而应当看到自己身体好、会唱歌、字写得好等不被外人和自己发现或承认的优点。所以，一定要记得自己并不是"一无是处"，人人都有闪光点，千万不要一味地计较自己的无能。在这个世界上，每个人都潜藏着独特的天赋，这种天赋就像金矿一样埋藏在我们平淡无奇的生命中。那些总在羡慕别人而认为自己一无是处的人，是永远挖掘不到自身的金矿的。

第七章

世上本无事，庸人自扰之

不斤斤计较是一种豁达

英国一位著名的作家，出身极其穷苦，他的成功乃从艰苦卓绝之中，抱着百折不挠的精神长期奋斗而来。他有一个习惯，那就是从不在乎别人付给他的稿酬多少。在他暮年时候，各大书局竞觅他的佳作，他的酬金版税也就丰富起来。

但是好景不长，不久他就病危了。这个消息一经传开，就有很多访问者赶来探望，希望他的遗言在报刊发表。这班人站在病床旁边向他请求说："老先生，您是奋斗恶劣环境的胜利者，那种百折不回、刻苦自励的精神，真使我们敬佩无比。您已功成名就，对于我们这班崇拜您的青年、景仰您的后生有何教训？我们愿意知道先生的秘诀和胜利的方法，以作我们的指引。"

那位老先生听了这番诚恳的请求，微微地睁开昏花的老眼向着他们看看，仍旧一言不答。

他们又向他请求说："老先生饶恕我们的麻烦，在您病中唠唠叨叨，实在对不起，我们是报馆编辑，新闻杂志的记者，愿意听听先生最后的教训，不但我们获益，在报上发表以后，又将不知造福多少青年。因此务请不吝赐教，我们谨候恭听。"

"成功吗？秘诀吗？有。"老先生让他们看《圣经》的其中一页，说完，便合上了眼，与世长辞了。他们一一记在纸上，连忙打开《圣经》看，见是："人若赚得全世界，赔上自己的生命，有什么益处呢？人还能拿什么换生命呢？"

是的，人即使得到了整个世界，却付出了整个生命，又有什么益处呢？因此，人一定不要斤斤计较个人的得失。

不斤斤计较的人拥有豁达的胸怀，即使在他们去世之后，也会让人们深深地怀念。不斤斤计较是一种明智，一辈子不吃亏的人是没有的。

人与人之间你来我往，无法做到绝对公平，总是要有人承受不公平，要吃亏。倘若人们强求世上任何事物都公平合理，那么，所有生物链一天都无法生存：鸟儿不能吃虫子，虫子不能吃树叶，世界就得照顾万物各自的利益。

既然吃亏有时是无法避免的，那何必要去计较不休、自我折磨呢？事实上，人与人之间总是有所不同的，别人的境遇如果比你好，那无论怎样抱怨也无济于事。最明智的态度就是避免提及别人，避免与人比较。而应该将注意力放在自己身上，"他能做，我也可以做"，以这种宽容的姿态去看待所谓的"不公平"，你就会有一种好的心境，好心境是生产力，是创造未来的重要保证。

凡事斤斤计较，只是徒增烦恼罢了

两千多年前，雅典政治家伯利克里曾经给人类说过一句忠言："请注意啊！先生们，我们太多地纠缠于一些小事了！"这句话对今天的人们来说仍然值得品味和借鉴。

　　说句实话，对于一般人来说，生活就是由无数的小事组合而成的，甚至对那些大人物来说也是如此。每个人的生活中小事都是无处不在、无时不有的，如果你过多地拘泥于小事，那么人生就根本没有什么乐趣可言了，生活也必然会充满了矛盾和冲突。

　　想一想，你挤公共汽车时，有人不小心踩了你的脚；或者你去买菜时，有人无意间弄脏了你的裙子；有时走在路上，说不定走道旁楼上落下一个纸团打在你的头上……此时此刻，如果你不是大事化小、小事化了，而是口出污言秽语，大发雷霆之怒，说不定会闹出什么祸事来。

　　在某地曾经发生过这样一件事：

　　有一个年轻女子在看电影时被后面的男观众无意间碰了一下，尽管男观众当面道歉，但那名女子仍然不依不饶。她硬说对方是要耍流氓，竟然回家叫来丈夫将那个人用刀砍伤解气。结果，因触犯法律夫妻俩双双锒铛入狱。

　　在小事上斤斤计较，常常成为损害人际关系的一大诱因。这种悲剧不仅在平常人中屡见不鲜，就是在一些卓有成就的名人中也时有发生。

　　从医学的观点看，事事计较、精于算计的人，不但容易损害人际关系，而且对自己的身体也极其有害。《红楼梦》里的林黛玉，虽有闭月羞花、沉鱼落雁的美丽容貌，可总是患得患失，别人一句无意的话都会让她辗转反侧，难于入眠，抑郁不已，再加上爱情的打击，终于落得个"红颜薄命"的悲惨结局。

　　古语云："让一让，三尺巷。"人生之事，只要不是原则性的大事，得过且过又何妨！人活在世上，理应开朗、豁达、超脱一些。

哲人说："宽容和忍让的痛苦，能换来甜蜜的结果。"忍让和宽容不是怯懦胆小，而是关怀体谅，是建立人与人之间良好关系的法宝，凡事斤斤计较，只是徒增烦恼罢了。

别自寻烦恼

有一个年轻的农夫，划着小船给另一个村子的居民运送农产品。那天的天气酷热难耐，农夫汗流浃背，苦不堪言。他心急火燎地划着小船，希望赶紧完成运送任务，以便在天黑之前返回家中。突然，农夫发现有一只小船向自己迎面快速驶来，眼看两只船就要撞上了，但那只船并没有避让的意思。"让开，快点儿让开，再不让开你就要撞上我了！"农夫大声向对面的船吼叫道。但是，他的吼叫完全没用，尽管他手忙脚乱地企图让开水道，但为时已晚，那只船还是重重地撞上了他。农夫被激怒了，他厉声斥责道："你会不会驾船，这么宽的河面，你竟然撞到了我的船！"当农夫怒目审视那只船时，他吃惊地发现，小船上空无一人。

在多数情况下，当你责难、怒吼的时候，你的听众或许只是一艘空船。很多时候，世事并不像有的人想象的那样糟糕，有些本来不值得放在心上的事，有的人却把它当成无法排遣的烦恼而郁闷在心，以至于整天愁眉不展。其实，人生的很多烦恼都是自找的。

人们在生活中，总免不了有一些苦恼烦闷的事。有些烦恼来自外界，必须正视；而大多数困扰则源于内心，这就是所谓的"自寻烦恼"。

有一个和尚，每次坐禅都觉得有一只大蜘蛛跟他捣蛋，无论怎样也赶不走。他把这件事告诉了师父。师父让他下次坐禅时拿一支笔，等蜘蛛来了在它身上画个记号，看它来自什么地方。和尚照办了，在蜘蛛身上画了一个圆圈。蜘蛛走后，他安然入定了。当和尚做完功，睁开眼睛一看，那个圆圈原来就在自己的肚皮上。

许多我们推给他人或外物的过失，毛病竟在自己身上。当然，这种来自自身的困扰，我们往往不易察觉，更难以用笔"圈"定。

心理学家为了研究人们常常忧虑的"烦恼"问题，做了一个很有意思的实验。心理学家要求实验者在一个周日的晚上，把自己未来七天内所有忧虑的"烦恼"都写下来，然后投入一个指定的"烦恼箱"里。三周后，心理学家打开这个"烦恼箱"，让所有实验者逐一核对自己写下的每项"烦恼"。结果发现，其中九成的"烦恼"并未真正发生。

然后，心理学家要求实验者将记录了自己真正"烦恼"的字条重新投入"烦恼箱"。又过了三周，心理学家打开这个"烦恼箱"，让所有实验者再一次逐一核对自己写下的每项"烦恼"。结果发现，绝大多数曾经的"烦恼"已经不再是"烦恼"了。烦恼这东西原来是预想的很多，出现的却很少。

心理学家从对"烦恼"的深入研究中得出了这样的统计数据和结论："一般人所忧虑的'烦恼'，有40%是属于过去的，有50%是属于未来的，只有10%是属于现在的。其中92%的'烦恼'未发生过，剩下的8%则多是可以轻易应付的。因此，烦恼多是自己找来的。这就是所谓的烦恼不寻人，人自寻烦恼。"

烦恼就像一根打了结的绳子，一头牵着自己，一头牵着他人。我们越是和烦恼过不去，这个结就会越牵越紧，烦恼也就越来越多。如果为了这些烦恼消耗我们大量的精力和时间，我们怎么能热情地、全力以赴地投入到工作中去呢？又怎么能较快地获得梦想中的成功呢？让烦恼只留五分钟，这是及时解"结"的好办法。

先哲说：世界上最宽广的是海洋，比海洋更宽广的是天空，而比天空更宽广的是人的心灵。一个心胸辽阔澄明的人，是不会有那么多烦恼的。诚然，不是一切烦恼都是自寻的，但外因只是条件，内因才是根据。倘若心灵一片光明灿烂，那烦恼与苦痛便会远遁他乡。

不要对自己太苛刻

我们总会遇到很多这样那样的好人，他们总说：这件事如果那样做就最好了！言下之意有无限的遗憾与惋惜。常听人讲，有钱难买早知道！世上没有卖后悔药的！但人们善良与美好的愿望是"美满"，这两个字说起简单，做起来是不容易的。

看过《西游记》的人都知道这么一幕：唐僧师徒取得真经归来，在通天河上方经历了最后一难，只因未完成老龟所托付的事而身坠河水之中。所有经文都打湿了，石头上晒的经书又撕破了，唐僧为此事痛心疾首，还是孙悟空道出了禅机：天地本不全，不全正应全之理。唐僧遂转悲为喜。

凡事都是对应的，像生与死、幼与老、全与缺、满与亏、成与败、悲与喜、有与无、强与弱、盛与衰、美与丑、爱与恨、长与短、深与浅……世上没有绝对的东西，只有相对的东西，都要顺其自然而存在，这个自然就是永恒的规律性，不要逆天行事，对自己也不应太过于苛刻，不要事事都去较真儿、较劲，没有哪个人一辈子都走直路的！

很多人有着让琐事"变大变强"、威力无边的本事，任何一件小事，也许都会被小题大做，而滋生一种让自己厌烦和挫败的情绪：

错过一次瑜伽课程，或者在钢琴练习时发挥不好，又或者朋友聚会的时候自己没有收拾得光鲜亮丽……这些都足以成为一个大漩涡的中心，将所有的挫败感和自我放弃都卷入进来。他们肯定也很想知道："为什么我把自己打扮不好？""为什么我要选择这样一份工作？"最后，又会回到本质问题上面，"我为何总是这么悲惨？"

当然，这些人对于他人是很客气的，但却忍不住对自己过于苛刻——这样的想法的确有些不可理喻。但当意识到这一点的时候，他们反而会更加生气——既然都知道这些想法是愚蠢的，但是为什么就没办法让自己停下来，不去想这些呢？

世上再好的火车也不能永远都在轨道上行驶，人一生难免有出错的地方。世上没有十全十美的人生，有时残缺与遗憾或许才是最美的展现。

快乐的法则：少一点，多一点

我们刚从娘胎来到人世上，就知道用响亮的哭声证明自己——我来了，因为人类天生聪明，已经预感到了这世间的无奈和变幻。

人生变化多姿，有春夏秋冬、风花雪月，有悲欢离合、世态炎凉，我们无法逃避什么，因为要生存就必须面对现实。

也许你经受了委曲无处诉说，受了不公平的待遇而郁闷不乐，受了打击而失去前进的信心；你为自己办不到的事而内疚，想给家人付出点什么却力不从心；你丢失过东西，你得罪过人，你伤过别人的心；你渴望被人爱慕、受人赞扬……也许你有太多的不如意，其实那都算不了什么，因为过去的事情不会重新来过，将来还需要付出更多，过去就让它过去吧。

人喜欢哭泣是因为有丰富的感情。无助的时候哭，幸福时也哭，泪水可以洗涤内心的迷茫和烦恼，但哭过后不要一蹶不振。生活是不相信眼泪的，它只垂青热爱它的人。

随着年龄的增长，出现在我们脸上那种发自内心的笑容似乎越来越少，仿佛年龄越大，快乐也就似乎愈加难得到。

生在这个年代，我们可以不用再像父辈们那样十几口人挤在那好不容易才分到的狭小并且未经装修的平房中，也不用担心这个月的粮票会不够用，出门的交通工具也早已由两个轮子的自行车进化到四个轮子的公交或私家小车，从这些迹象来看我们的生活水平无疑是提高了，按理来讲我们的快乐随着生活水平的提高本应成正比地增加，可现实却是我们越来越难以使自己快乐，越来越难以使自己会心地微笑。

小时候只要得到一粒糖便很开心，现在一讲要开心却很难。于是我们不停地寻找，不停地为了心中认为的那份快乐而奔波、忙碌，甚至尔虞我诈、周而复始，直至筋疲力尽、伤痕累累。

在这个灯红酒绿的繁华大都市，究竟什么才能让我们快乐呢？是高档的洋房别墅？是昂贵的小轿车？还是世界知名品牌的服饰？又或是用不完的 MONEY？以上这些想必是许多人努力工作、拼命赚钱的原动力，然而，拥有这些我们就真的快乐了吗？有谁能给出肯定的答案？我想没有。

其实，快乐只是一种感受，这种感受可以不必来自于跟金钱相关的任何东西，可以不是名车、洋房和大餐，它可以是来自于饥饿时我们吃上的一顿可口的饭菜，也可以是来自于口渴时喝上的一杯甘甜的水，更可以是来自于工作上的一个提案被采用。快乐其实很容易，只要我们的欲望少一点、再少一点，那么你将会随时体会到快乐。

生活是一面镜子，你快乐它就快乐。烦恼和快乐是一对孪生姊妹，想得少一点就快乐，想得多一点就烦恼，我们选择什么样的生活完全掌握在自己的手里。

我们是平凡的人，当然会有忧愁，病残孤寡等弱势群体的烦心事会更多一些，他们担忧生活的来源，但他们懂得苦中作乐；有的人富有，快乐也好像不多，总担心人生苦短、人心叵测、爱人难寻，只因为他们不懂得珍惜拥有的富足，如果他们想得少一点，就会快乐很多。

气是自己找来的

烦恼皆因"利己"生，所以要约束自己的"利己"之心。那么，如何约束呢？

就是"少比较、少计较"。

比较是人的一种本性，也是一种客观存在。我们通过比较，来判别生存环境和条件，进而寻找到适合自己生存的环境和条件。如果不比较，人类同样无法生存，无法延续。所以，比较是没有错的。

比较在前，计较在后。因为比较出了差别，才会计较好坏得失。计较是源于"利己"的本性，也是一种客观存在，没有对错与好坏之分。

在婴儿时期，我们就已经会比较了。通过比较，我们来判断谁更关爱自己，谁更迁就自己，于是，我们就会更倾向于向谁讨取关爱和食物。

随着年龄的增长，我们开始比较自己的衣服，当别的小朋友比我们穿得好看，我们就会计较，就会难过。然后，比较的就更多了：比较学习成绩、比较老师关心的程度、比较朋友的多少、比较钱的多少、比较房子的大小、比较汽车的档次、比较老婆（老公）的长相、比较孩子的能干程度……人生就在这样的比较中一步一步走向黄昏。如果只是平静地走过人生，也是不错的。可比较之后，每每就要计较：我的钱凭什么比他的少？我这么能干，凭什么听他指挥？计较的结果是自己给自己找烦恼，自己给自己找气受。

有一天，一位大学生在网上说他已经失去继续活下去的勇气了。他说他家里很穷，自己也没什么本事，读的大学不是重点学校，学的专业不是热门专业，而且学得也不怎么好，毕业了恐怕连工作也找不到。

人生道路的确千差万别，但每一个人的人生都是丰富多彩的，只要努力了就都是无怨无悔的。100 个人从青城山的同一条道路上山，是不是每一个人看到的风景都一样呢？肯定是不一样的。一是每一个人都看不全，二是每一个人看的角度都不一样，三是每一个人的心境都不一样，四是每一个人所遇到的天气或季节都不一样，怎么可能看到完全一样的风景呢？

家里穷、自己没本事、读的学校不好等诸如此类的因素，其实都是在比较的过程中否定了自己、肯定了他人，从而陷入计较的痛苦之中。家里穷并不表明永远穷，自己没本事可能只是某些方面没本事，至于学校，就更不该去计较了，北大、清华出人才，难道其他学校就不出人才了？

这位大学生终于认识到了自己人生中也有许多的闪光点，自己也有诸多值得肯定的地方。于是，他调整了心态，并找到了努力生活的信心和勇气。

比较和计较都是人的本性，是一种客观存在，一点都不比较、一点都不计较是根本不可能做到的。即使那些得道高僧，也在计较"布施"的多少，计较悟道的深浅，计较功德的厚薄。所不同的是，修为很高的人，比较和计较都还没到招惹烦恼的程度。

一点不比较、一点不计较，不利于群体中个体的竞争，不符合"物竞天择"的自然法则。如果天下之人凡事都不在乎，这个社会也就不可能进步了——连继续存在下去的可能都没有了。

第八章

不较真儿，为人处世需要包容

为人处世以容人为上策

古人曾说："得饶人处且饶人。"在生活中，如果我们一旦有争强好胜、锱铢必较的心理，就可能给自己招来不必要的烦恼、嫉妒甚至是仇恨。

可见，包容是做人、处世的大智慧，也是和谐人际关系的一种润滑剂。尤其是在双方产生针锋相对的矛盾时，如果以硬碰硬，无论胜负都会有所损失，倘若能够互相包容，就不仅会避免损伤，还能够将问题处理得很好。

清康熙年间，内阁大学士张英（张廷玉的父亲）收到一封家书。信上说他们家正打算修围墙，本来根据地契，墙可以一直修到邻居叶秀才家的墙根下，但是叶秀才不让，并且还到官府里把张家给告了。家人非常生气，就给张英写了这封信，让他处理这件事。家人很快就收到了回信，但上面只有一首诗："千里捎书只为墙，让他三尺又何妨？万里长城今犹在，不见当年秦始皇。"张英的家人接到信后，明白了他的意思，马上就把墙拆了，并且后退三尺才重建。

叶秀才一看张家如此大度，也把自己家的墙拆了，后移了三尺。由于两家都退让了三尺，因此留出了一条长百余米，宽六尺的巷子，后被当地人赞誉为"六尺巷"。

本来根据地契约定，张家根本没有错，而张英又贵为大学士，并且父子二人同在朝中任要职，只要知会当地官府一声，叶秀才家肯定会妥协，而张家的权利和尊严也会得到保障，但是他没有这样做，而是选择了包容，宁愿自己吃亏，让了叶秀才三尺；而叶秀才则觉得张英"宰相肚里能撑船"，不与自己计较，而自己本就理亏，感动之余也让了三尺，两家的关系也因此由剑拔弩张转为互相敬重，和睦相处。

在此我们可以想象一下，假如张英当时给当地官府打了个招呼，以他的权势，叶秀才肯定会被法办。不过，虽然他有理，但是当地百姓依然会认为他仗势欺人，以大压小。好在张英是一个宽宏大量的人，他主动使用了"包容"这一润滑剂，不仅解决了问题，还赢得了他人的敬重，并因一件小事而青史流芳，真可谓一举多得。

在生活和工作中，我们每个人都难免会遇到不如意的事情。如果因为一点小事情就闷闷不乐，甚至大动肝火，这不仅会影响自己、影响他人，可能还会招致更多的麻烦。所以，当我们在遇到不如意的事情时，一定要学会去适当地包容，不要与他人产生摩擦，而要以一种平和的态度来面对。

人生在世，本就是苦多于乐，如果再过多地与人计较，甚至与自己计较，总在为得失算计，那就失去了生活的乐趣。生活过得不快乐，还有什么意义呢？所以要转变态度，去包容他人。

有一位高僧特别喜欢兰花，在平日修行讲佛之余总会花费很多的心力侍弄兰花。有一次他要出远门云游，临行前交代弟子要好好照顾他的兰花。但是有一天一个弟子在浇花时，不小心摔倒了，把花架撞倒了，所有的兰花盆都摔碎了，兰花也散落了一地，无法收拾。弟子们全都慌了，只好等着师父回来责罚。但是出乎意料的是，当师父回来之后，却没有责怪他们，而是召集齐了众弟子，跟他们说："我种兰花，一来是想要用它来供奉佛祖，二来是为了美化寺庙的环境，而不是为了生气而种的！"

"不是为了生气而种的！"得道高僧修养自然是高，兰花本为他所好，也花费了很多时间来培养。一般人如果遇到这种情况肯定会很生气，很有可能会重重责罚把兰花弄坏的人，但是高僧没有。因为他明白自己种花的目的虽然没有达到，但是也不能为此而生气，况且弟子也是无心之过，所以就很容易地宽容了徒弟。

为人处世，如果以严厉的态度、倨傲的性格对待别人，就会招致别人的怨恨，引来不满。如此，于人于己都不利，何必呢？正所谓：利人就是利己，亏人就是亏己，容人就是容己，害人就是害己。所以说：君子以容人为上策。

宽容是一种修养，一种德行，一种度量。如果人人都有宽容忍让的心态，那么这个社会肯定会变得更美好，人与人之间的关系也肯定会变得更和谐。

留有余地是一种理智的人生策略

我国古代有个叫李密庵的学者，写过一首《半半歌》，诗云："饮酒半酣正好，花开半时偏妍，半帆张扇免翻颠，马放半鞭稳便。半少却饶滋味，半多反厌纠缠。百年苦乐半相掺，会占便宜只半。"用现代的话来说，就是凡事要留有余地，不要不给自己和别人退路。

常留余地二三分，体现了人生的一种智慧。凡事留有余地，则自由度就增加。进也可、退也可，亲也可、疏也可，上也可、下也可，处于一种自由的境地，体现了一种立身处世的艺术。

常留余地二三分，这是因为，世界上的事变幻不定，常常有许多意想不到的不利因素产生作用。人外有人，天外有天。人不要总是赢人，要留一些给别人赢；不要老想占上风，要给别人一些尊严。这样，自己才能不断进步，人际关系才能更和谐。一句话，为人处世还是谦虚谨慎些的好。如果目中无人，骄傲自满，就容易碰壁、栽跟头。

唐朝时代，有一位德山大师，精研律藏，而且通达诸经，其中尤以讲《金刚般若波罗蜜经》最为得意。因俗姓周，故得了个"周金刚"的美称。

当时，禅宗在南方很盛行，德山大师不以为然。

于是他挑着自己所写的《青龙疏钞》，浩浩荡荡地出了四川，走向湖南的澧阳。

一日途中，突然觉得饥肠辘辘，看到前面有一家茶店，店里有位老婆婆正在卖烧饼，德山大师就到店里想买个饼充饥。老婆婆见德山大师挑着那一大担东西，便好奇地问道：

"这么大的担子，里面装的是什么东西？"

"是《青龙疏钞》。"

"《青龙疏钞》是什么？"

"是我为《金刚般若波罗蜜经》作的批注。"德山大师对于自己的著作，表现出很得意的神情。

"这么说，大师对于《金刚般若波罗蜜经》很有研究？"

"可以这么说！"

"那我有一个问题想请教您，您若能答得出来，我就供养您点心；若答不出来，对不起，请您赶快离开此地。"

德山大师心想："讲解《金刚般若波罗蜜经》是我最擅长的，任你一位老太婆，怎么可能轻易就难倒我！"随即毫不在意地说："有什么问题，你尽管提出来好了！"

老婆婆奉上了饼，说道："在《金刚般若波罗蜜经》中说：'过去心不可得，现在心不可得，未来心不可得。'不知大师您是要点哪一个心？"

德山大师经老婆婆这一问，呆立半晌，竟然答不出一句话来。他心中又惭愧又懊恼，只好挑起那一大担的《青龙疏钞》，怅然离去。

德山大师受到这次教训后，再也不敢轻视禅门中修行之人，后来来到龙潭，至诚参谒龙潭祖师，从此勇猛精进，最后大彻大悟。

世事无常，万事多留些余地，多些宽容，这是一条重要的做人准则。在你留有余地的同时，别人也会因此而受益匪浅。

对人对己都要留有余地。好朋友不要如影随形，如胶似漆，不妨保持一点距离，是冤家也不要把人说得全无是处，对崇拜的人不要说得完美无缺，对有错误的人不要以为一无是处，不要把自己看得像朵花，看别人都是豆腐渣，不要以为自己的判断绝对正确，宜常留一点余地。

一幅画上必须留有空白，有了空白才虚实相间，错落有致。有余地才更加符合实际，才更加充满希望。当然，留有余地不是一种立身处世的圆滑，不是有力不肯使，也不是逢人只说三分话，而是对世界、对自己抱一种知己知彼的理性态度，是对鉴于世界的复杂性和自身能力的有限性所采取的一种理智的人生策略。

忧他人之忧，乐他人之乐

宋代朱熹有一句话："体谓设以身，处其地而察以心也。"一语道出了将他人的处境纳入思考范畴的境界，这是需要具有很高的自身修养才能体会到的乐趣，而我们平时熟稔于心的是"己所不欲，勿施于人"，其实，无论怎样表达，都说明了设身处地地为他人着想是一种人生必修的课程，它阐释着宽容、忍让、体谅等很多美好的东西。

人不是单靠吃米面活着的动物，一生中会有很多美丽的邂逅，无论是擦肩而过还是结为金兰，我们都会永远深藏在心底。所以我们要珍惜每一次真挚的心跳，多为他人考虑一些，也好随着时间的推移，将尘封在心底的往事定格为最美的风景。

有人曾说："人世间最纯净的友情只存在于孩童时代。"让人感到每个字眼里都透露着悲凉，谁能否认自己不渴望真情？其实，真情永远存在于人们的心中。不同的年龄对感情的态度不同，体悟感情的方式也不尽一样，但这过程里始终有一个不变的真理，那就是，如果你能把别人的处境纳入思考的范畴，那么你就会得到恒久的真情。

人与人的相处需要忘我的精神，你可曾发觉很多人说话的时候主语经常是"我"，如果我们都把对方当成主要的，事情定会是另一番景象。人是社会的动物，都需要一份温暖、一份关心、一份慰藉，当对方成功时，我们为何不给予真诚的肯定；当对方偶有失误时我们为何不选择包容；多站在对方角度上考虑一下，这世界就不会再有嫉妒、责难，也不会有人再感到真情需要千呼万唤。真情将弥漫在我们身边。

爱因斯坦说："对于我来说,生命的意义在于设身处地替人着想,忧他人之忧,乐他人之乐。"这是一种怎样宽广的胸怀,让他足以容纳他人的忧和乐,这本身就是一种慈悲,一种人生的大爱!

聪明的人遇事时为他人着想,因为他知道当心中只有自己的时候,也可能把麻烦留给了自己;当心中有他人的时候,他人也就为自己留出了一条宽敞的大道。他们往往从别人的角度出发,先考虑到别人的不方便之处;他们对自己要求很严格,却也有足够的涵养不苛责别人;他们把做人的深髓的哲理都赋予了行动。

人生就像春种秋收那样,随着四季的流转,不停地播种和收获。不一样的"播种"也将收获不一样的人生。你把目光投向大海,你将得到整个的海洋;你把目光投向天空,你将得到整个的天空;你用目光穿透黑暗,你也就会收获黎明;你用目光温暖众人,你也将得到众生的恩宠。

愿你在生命中播种美好与幸福,在美丽的深秋收获金色的黄昏。让人生的舞台像心胸那样海纳百川,收获整个天地间的温情。

律己宜严,待人宜宽

宽容,是胸襟博大者为人处世的一种人生态度。总是对别人吹毛求疵的人,一定不是个受欢迎的人。

能容天下者,方能为天下人所容。据此看来,你若要彩虹,你就得宽容雨点,若是在雨点滴到身上的那一刻便勃然大怒,又怎么能在彩虹出现的刹那拥有一种怡然自得的心情来观赏美丽的风景呢?

森林中有一条河流,河水湍急,不停地打着漩涡,奔向远方。

河上有一座独木桥，窄得每次只能容一人通过。

某日，东山上的羊想到西山上去采草莓，而西山的羊想到东山上去采橡果，结果两只羊同时上了桥，到了桥中心，彼此碰到了，谁也走不过去。

东山的羊见僵持的时间已很长了，而西山的羊照样没有退让的意思，便冷冷地说道："喂，你长眼了没有，没见我要去西山吗？"

"我看是你自己没长眼吧，要不，怎么会挡我的道？"西山的羊反唇相讥。

于是，两只互不相让的羊开始了一场决斗。

"咔"——这是两只羊的犄角相碰撞的声音。

"扑通"——这是两只羊失足，同时落入河水中的声音。

森林里安静下来，两只羊跌入河心淹死了，尸体很快就被河水冲走了。

故事中的悲剧本来是可以避免的，只要有一只羊后退到桥头，等另一只过后再上桥，两只羊便都会平安无事。可悲的是，山羊们都固执地认为狭路相逢勇者胜，不肯宽容和忍让，最终都葬身河底。

"宽以待人"既是一种待人接物的态度，也是一种高尚的道德品质，它能够化解人和人之间的许多矛盾，增强人和人之间的友好情感。同时，一个人如果能够养成"宽以待人"的优良品德，就一定可以在同他人的相处中，严格要求自己，宽恕地善待他人，不断提高自己的思想境界，使自己成为一个道德高尚的人。

有人说，世上只要有人的地方就有纷争，尤其是有"我"有"你"再加个"他"，你、我、他之间的纷争就更多了。所以，若能秉持"你好他好我不好，你大他大我最小，你乐他乐我来苦，你有他有我没有"这四句偈语中所包含的精神，人与人必能和谐相处。

自我反省会得到他人的尊敬

我们每个人都有必要学会自省,因为学会自省就可以少犯错误,使自己的道德品质日臻完善,使自己做人做事更加机智圆熟,使自己能正确认识自身的不足,并能客观、公正地评价自己。

我国古代思想家孔子的弟子曾子提出著名的"吾日三省吾身"的自省修养方法。另外一位大思想家孟子则提出"自反""反求诸己",即经常反省自己的言行。《易传》把这称为"修省"的方法,以后的思想家进一步发展了这一思想,并提出"责己"的学说,相当于现在我们所说的"自我批评"。可见,我们要想成为一个有道德、有修养的人,就需要经常反省自己的思想和行为。

前苏联文学家高尔基认为:"自我批评是最严格的批评,而且也是最有益的。"所以,我们应善于辨察自我意识和言行中的善恶是非,严于自我批评,及时改正自己的过错,更要敢于公开承认自己的错误,勇于揭露自己的不足。就像闻一多先生所说的那样:"我们倒不怕承认自身的'弱点',愈知道自身弱在哪里,愈好在各人自己的岗位上来尽力加强它。"

"我的确时时解剖别人,然而更多的是更无情面地解剖我自己。"鲁迅先生的这句话,人们最熟悉不过了。它体现的是一种宽阔的胸怀,一种高尚的修养境界。

遗憾的是在生活中,很多人在遭遇损失或是遇到不顺心的事情时,从来不反省自己,从来不想问题的根源就在自己身上,总是喜欢责怪他人,当然,这样的人是不会获得好的人缘的,更不会受到别人的尊重。

有一个商场营业员，遇到一个中年女子来退一件衣服，那件衣服明显被洗过，按规定已不能退货。中年女子却粗声粗气地说："我回家试穿了一下，发现不合身，你再给我换一件！"营业员耐心解释，她却大吵大嚷，并且满口污言秽语，说什么"我来了你就得给我换，光卖不换算个什么玩意！"营业员虽然占理，但为了使争吵就此而止，便温和地对她说："这件衣服已经穿过一段时间了，又没有质量问题，按规定是不能退的。可是你执意要退，那就干脆卖给我好了。"就在她掏钱的时候，那个粗暴的女顾客脸红了，她终于停止了争吵，悄然离去。显然，营业员的宽容与自责起了良好作用。因为它反衬出对方的无理和低劣，从而从容地制止了事态的扩大。

事实上，自省的过程就是一个自我检讨、自我反思、自我监督、自我提高的过程。通过这个过程认识自己，打扫洗涤自己大脑中的"污垢"和"灰尘"。只有学会自省，才能静下心来客观公正地评价自己，从而清楚地认识到自己的缺点与不足，认识到自己的愚昧与无知，从而得到人们更崇高的尊重。

指责只会招来对方更多的不满

动物王国的某公司里，狮子经理上任的第一天，便把前任经理的秘书斑马小姐叫到办公室，说："你本身就够胖的，还成天穿着花条纹衣服，一点气质都没有，这样下去有损我们公司的形象。如果你还想当办公室秘书，就得换身衣服来上班。"

"可是，我……"斑马小姐刚开口解释，狮子经理便恼怒地一挥手，斑马小姐只好含泪离开了办公室。

狮子又叫来业务员黄鼠狼，并对它说："你是业务骨干，为了体面地面对客户，从今天起，你不准放臭屁。"

"可是，我……"黄鼠狼刚要解释，狮子经理不耐烦地一挥手，黄鼠狼只好委屈地离开了办公室。

狮子又叫来会计野猪，嫌它獠牙太长。

第二天，狮子刚走进公司大门，发现公司里冷冷清清，原来公司的员工集体辞职不干了。

狮子经理的无端指责，不但没有获得它所想象的效果，反而因树敌太多，大家都离开了它，使它成了"孤家寡人"。我们要记住狮子的教训，无论是在学校里还是在工作中，都不要轻易地指责他人。俗话说："多个朋友多条道，多个敌人多堵墙。"

人往往有这样一个特点，无论他多么不对，他都宁愿自责而不希望别人去指责他。绝大多数人都是如此。在你想要指责别人的时候，首先你得记住，指责就像放出的信鸽一样，它总要飞回来的。指责不仅会使你得罪对方，而且对方也必然会在一定的时候指责你。

学会接纳他人，容忍他人的缺点，是人生重要的一门课程，它有助于提高你的人格魅力。因此，树敌不如交友，批评不如赞扬，只要你不到处树敌，他人就乐于与你交往。懂得了这一点，对你成功做事、做人是很重要的。

迁怒是不负责任者的行为

不迁怒出于孔子对其弟子颜回的评价。有一次，哀公问："弟子孰为好学？"子对曰："有颜回者好学，不迁怒，不贰过。不短命死矣，今也则亡，未闻有好学者也。"值得我们注意的是，孔子说颜回好学，并没有说他学习的成果，而是"不迁怒，不贰过"，既不迁怒别人，也不两次犯同样的错误，在我们看来原本是品德上的问题，孔子把它归为好学的标准，其实，在古代，德育也是人们需要学习的主要内容。不迁怒，这也是今天我们每个人都应好好学习的品质，它是一个人成熟与否的标志之一，是成大事者获得人心必备的修养，是家庭幸福、朋友合欢的必要条件。

"人有悲欢离合，月有阴晴圆缺，此事古难全。"生活中总免不了磕磕绊绊，不顺心的时候，很多人就会不自觉地迁怒于他人，自己受气或不如意时拿别人出气。倘若某个同伴有些缺点这时暴露出来，就更可能成为被迁怒的对象。你可知道同伴是你朝夕相处、陪你欢乐悲伤的人，你们一路并进、一起承担，甚至利害攸关。你可知道，身为家人、朋友、同事，谁都有责任为对方分忧解难，无怨相伴，但无论自己的境况如何，我们都不应该迁怒于对方。迁怒，是用害别人为自己找出口，是对自身的逃避，是对别人的苛责，是无自制、不成熟的表现；迁怒，是阻碍成长的绊脚石，是冲动魔鬼的助手，却永远不会为你赢得摆脱不顺心的方法。

有这样一则寓言：

一只狐狸在跨越篱笆时，不小心被篱笆上的蔷薇的刺扎伤了，流了许多血。受伤的狐狸见到自己流血了，就非常生气，埋怨蔷薇说："我本是翻篱笆墙，你为何要刺伤我？"蔷薇回答道："狐狸！我的本性就带刺，是你自己不小心，才被我刺到的啊！怎么会反过来埋怨我呢？"

在现实生活中，有很多类似于狐狸这样的人，遭遇挫折时不反躬自省，反而责怪或迁怒别人，他们抱怨老板太苛刻，抱怨公交车太挤，抱怨菜市场上的秩序太乱；同伴在场时他们就开始迁怒，他们迁怒于家人，迁怒于同事，迁怒于朋友，甚至连孩子都成了他们迁怒的对象。

仔细分析一下经常迁怒的人，你会发现他们很少躬身自省，一出现不顺心的事时就想从别人身上找缺点，从而发泄自己的情绪。其实，除了让自己显得更无修养，是无济于事的，倒不如躬身自省，也好"不贰过"。

不要迁怒于你的同伴了，作为朝夕相处的同伴，因为彼此很了解，缺点自然也很了解，然而，金无足赤，人无完人，你的迁怒，只会给同伴留下被否定的阴影。聪明的人，不会拿同伴来发泄自己情绪，他们会以他人为镜，提醒自己改正缺点。

第九章

不做“气死牛”，人生要适时变通

懂得变通，不通亦通

行走中的人，既要能够看到远处的山水，也要能够近看自己脚下的路。“不计较一时得失，基于全景考虑而决定的变通”，往往是抵达目的地的一条捷径。

穷则变，变则通。佛教说人生本是苦海，人生亦有妙境。生命的长途中既有平坦的大道，也有崎岖的小路，聪明的人既向往大道的四通八达，也憧憬小路上的美丽风景；生命的轮转中四季交替，既有姹紫嫣红、草长莺飞的明媚春光，也有银装素裹、万木凋零的凛凛冬日，万物生灵随着季节的轮转调整着自己的生存方式。

在生命的春天中，我们尽可以充分享受和煦的春风、温暖的阳光，而遭遇寒冬之时，要及时调整步速，不急不躁地把握住生命的脉搏。

人的一生，总要经历风雨，横冲直撞、一味拼杀的是莽士，运筹帷幄、懂得变通的才是智者。

从前有一个穷人，他有一个非常漂亮的女儿。穷人家境拮据，妻子又体弱多病，不得已向富人借了很多钱。年关将至，穷人实在还不上欠富人的钱，便来到富人家中请求他拖延一段时间。

富人不相信穷人家中困窘到了他所描述的地步，便要求到穷人家中看一看。

来到穷人家后，富人看到了穷人美丽的女儿，坏主意立刻就冒了出来。他对穷人说："我看你家中实在很困难，我也并非有意难为你。这样吧，我把两个石子放进一个黑罐子里，一黑一白，如果你摸到白色的，就不用还钱了，但是如果你摸到黑色的，就把女儿嫁给我抵债！"

穷人迫不得已只能答应。

富人把石子放进罐子里时，穷人的女儿恰好从他身边经过，只见富人把两个黑色石子放进了罐子里。穷人的女儿刹那间便明白了富人的险恶用心，但又苦于不能立刻当面拆穿他的把戏。她灵机一动，想出了一个好办法，悄悄地告诉了自己的父亲。

于是，当穷人摸到石子并从罐子里拿出时，他的手"不小心"抖了一下，富人还没来得及看清颜色，石子便已经掉在了地上，与地上的一堆石子混杂在一起，难以辨认。

富人说："我重新把两颗石子放进去，你再来摸一次吧！"

穷人的女儿在一旁说道："不用再来一次了吧！只要看看罐子里剩下的那颗石子的颜色，不就知道我父亲刚刚摸到的石子是黑色的还是白色的了吗？"说着，她把手伸进罐子里，摸出了剩下的那颗黑色石子，感叹道："看来我父亲刚才摸到的是白色的石子啊！"

富人顿时哑口无言。

穷人的女儿通过思维的转换成功地扭转了双方所处的形势。所以很多时候与其硬来，不如作出变通更有效果。当客观环境无法改变时，改变自己的观念，学会变通，才能在绝境中走出一条通往成功的路。

生活中许多事情往往都要转弯：路要转弯，事要转弯，命运有时也要转弯。转弯是变化与变通，转弯是调整状态，也是一种心灵的感悟。生命就像一条河流，不断回转蜿蜒，才能克服崇山峻岭，汇集百川，成为巨流。生命的真谛是实现，而不是追求；是面对现实环境，懂得转弯迂回和成长，而不是横冲直撞或逃避。

高山不语，自有巍峨；流水不止，自成灵动。沉稳大气，卓然挺拔，是山的特性；遇石则分，遇瀑则合，是水的个性。水可穿石，山能阻水，山有山的精彩，水有水的美丽，而山环水，水绕山，更是人间曼妙风景。

人生处处有死角，要懂得转弯

任何事物的发展都不是一条直线，聪明人能看到直中之曲和曲中之直，并不失时机地把握事物迂回发展的规律，通过迂回应变，达到既定的目标。

顺治元年（1644 年），清王朝迁都北京以后，摄政王多尔衮便着手进行武力统一全国的战略部署。当时的军事形势是：农民军李自成部和张献忠部共有兵力 40 余万；刚建立起来的南明弘光政权，汇集江淮以南各镇兵力，也不下 50 万人，并雄踞长江天险；而清军不过 20 万人。如果在辽阔的中原腹地同诸多对手作战，清军兵力明显不足。况且迁都之初，人心不稳，弄不好会造成顾此失彼的局面。

多尔衮审时度势，机智灵活地采取了以迂为直的策略，先怀柔南明政权，集中力量打击农民军。南明当局果然放松了警惕，不但不再抵抗清兵，反而派使臣携带大量金银财物，到北京与清廷谈判，向清求和。这样一来，多尔衮在政治上、军事上都取得了主动地位。顺治元年七月，多尔衮对农民军的打击取得了很大进展，后方亦趋稳固。此时，多尔衮认为最后消灭明朝的时机已经到来，于是，发起了对南明的进攻。当清军在南方的高压政策和暴行受阻时，多尔衮又施以迂为直之术，派明朝降将、汉人大学士洪承畴招抚江南。顺治五年（1648年），多尔衮以他的谋略和气魄，基本上实现了清朝在全国的统治。

绕圈的策略，十分讲究迂回的手段。特别是在与强劲的对手交锋时，迂回的手段高明、精到与否，往往是能否在较短的时间内由被动转为主动的关键。

美国著名企业家李·艾柯卡在担任克莱斯勒汽车公司总裁时，为了争取到10亿美元的国家贷款以解公司之困，他在正面进攻的同时，采用了迂回包抄的方法。一方面，他向政府提出了一个现实的问题，即如果克莱斯勒公司破产，将有60万左右的人失业，第一年政府就要为这些人支出27亿美元的失业保险金和社会福利开销，政府到底是愿意支出这27亿呢，还是愿意借出10亿极有可能收回的贷款？另一方面，对那些可能投反对票的国会议员们，艾柯卡吩咐手下为每个议员开列一份清单，清单上列出该议员所在选区所有同克莱斯勒有经济往来的代销商、供应商的名字，并附有一份万一克莱斯勒公司倒闭，将在其选区造成的经济后果的分析报告，以此暗示议员们，若他们投反对票，因克莱斯勒公司倒闭而失业的选民将怨恨他们，由此也将危及他们的地位。

这一招果然很灵,一些原先强烈反对给克莱斯勒公司提供贷款的议员闭了嘴。最后,国会通过了由政府支持克莱斯勒公司15亿美元的提案,比克莱斯勒公司原来要求的多了5亿美元。

俗话说:"变则通,通则久。"在一些暂时没有办法解决的事情面前,我们应该学着变通,不能死钻牛角尖,此路不通就换另一条路。有更好的机会就赶快抓住,不能一条道走到黑,生活不是一成不变的,有时候我们转过身,就会发现,原来我们身后也藏着机遇,只是当时我们赶路太急,忽略了那些美好的事物。

变通,走出人生困境的锦囊妙计

变通是一种智慧,在善于变通的世界里,不存在困难这样的字眼。再顽固的荆棘,也会被他们用变通的方法铲除。他们相信,凡事必有方法去解决,而且能够解决得很完善。

一位姓刘的老总深有感触地讲述了自己的故事:

10多年前,他在一家电气公司当业务员。当时公司最大的问题是如何讨账。产品不错,销路也不错,但产品销出去后,总是无法及时收到款。

有一位客户,买了公司20万元产品,但总是以各种理由迟迟不肯付款,公司派了三批人去讨账,都没能拿到货款。当时他刚到公司上班不久,就和另外一位姓张的员工一起,被派去讨账。他们软磨硬泡,想尽了办法。最后,客户终于同意给钱,叫他们过两天来拿。

两天后他们赶去,对方给了一张20万元的现金支票。

他们高高兴兴地拿着支票到银行取钱,结果却被告知,账上只有 199900 元。很明显，对方又耍了个花招，他们给的是一张无法兑现的支票。第二天就要放春节假了，如果不及时拿到钱，不知又要拖延多久。

遇到这种情况，一般人可能一筹莫展了。但是他突然灵机一动，于是拿出 100 元钱，让同去的小张存到客户公司的账户里去。这一来，账户里就有了 20 万元。他立即将支票兑了现。

当他带着这 20 万元回到公司时，董事长对他大加赞赏。之后，他在公司不断发展，5 年之后当上了公司的副总经理，后来又当上了总经理。

显然，刘总为我们讲了一个精彩的故事，因为他的智慧，使一个看似难以解决的问题迎刃而解了，因为他的变通，才使他获得不凡的业绩，并得到公司的重用。可以说，变通就是一种智慧。

学会变通，懂得思考才会有"柳暗花明又一村"的惊喜。事实也一再证明，看似极其困难的事情，只要用心去寻找变通的方法，必定会有所突破。

委内瑞拉人拉菲尔·杜德拉也是凭借这种不断变通而发迹的。在不到 20 年的时间里，他就建立了投资额达 10 亿美元的事业。

在 20 世纪 60 年代中期，杜德拉在委内瑞拉的首都拥有一家很小的玻璃制造公司。可是，他并不满足于干这个行当，他学过石油工程，他认为石油是个赚大钱更能施展自己才干的行业，他一心想跻身于石油界。

有一天，他从朋友那里得到一则信息，说是阿根廷打算从国际市场上采购价值 2000 万美元的丁烷气。得此信息，他充满了希望，认为跻身于石油界的良机已到，于是立即前往阿根廷，想争取到这笔合同。

去后，他才知道早已有英国石油公司和壳牌石油公司两个老牌大企业在频繁活动了。这是两家十分难以对付的竞争对手，更何况自己对经营石油业并不熟悉，资本又不雄厚，要成交这笔生意难度很大。但他并没有就此罢休，他决定采取变通的迂回战术。

一天，他从一个朋友处了解到阿根廷的牛肉过剩，急于找门路出口外销。他灵机一动，感到幸运之神到来了，这等于给他提供了同英国石油公司及壳牌公司同等竞争的机会，对此他充满了必胜的信心。

他旋即去找阿根廷政府。当时他虽然还没有掌握丁烷气，但他确信自己能够弄到，他对阿根廷政府说："如果你们向我买 2000 万美元的丁烷气，我便买你 2000 万美元的牛肉。"当时，阿根廷政府想赶紧把牛肉推销出去，便把购买丁烷气的投标给了杜德拉，他终于战胜了两个强大的竞争对手。

投标争取到后，他立即筹办丁烷气。他立刻飞往西班牙。当时西班牙有一家大船厂，由于缺少订货而濒临倒闭。西班牙政府对这家船厂的命运十分关心，想挽救这家船厂。

这一则消息，对杜德拉来说，又是一个可以把握的好机会。他便去找西班牙政府商谈，杜德拉说："假如你们向我买 2000 万美元的牛肉，我便向你们的船厂订制一艘价值 2000 万美元的超级油轮。"西班牙政府官员对此求之不得，当即拍板成交，马上通过西班牙驻阿根廷使馆，与阿根廷政府联络，请阿根廷政府将杜德拉所订购的 2000 万美元的牛肉，直接运到西班牙来。

杜德拉把 2000 万美元的牛肉转销出去之后，继续寻找丁烷气。他到了美国费城，找到太阳石油公司，他对太阳石油公司说："如果你们能出 2000 万美元租用我这条油轮，我就向你们购买 2000 万美元的丁烷气。"太阳石油公司接受了杜德拉的建议。从此，他便打进了石油业，实现了跻身于石油界的愿望。经过苦心经营，他终于成为委内瑞拉石油界的巨子。

杜德拉是具有大智慧、大胆魄的商业奇才。这样的人能够在困境中变通地寻找方法，创造机会，将难题转化为有利的条件，创造更多可以脱颖而出的资源。美国一位著名的商业人士在总结自己的成功经验时说，他的成功就在于他善于变通，他能根据不同的困难，采取不同的方法，最终克服困难。对于善于变通的人来说，世界上不存在困难，只存在暂时还没想到的方法。

掬一捧清泉，原来只需换个地方打井

生活有时就像打井，如果在一个地方总打不出水来，你是一味地坚持继续打下去，还是考虑可能是打井的位置不对，从而及时调整工作方案去寻找一个更容易出水的地方打井？

人生之中，每个人都具有独特的、与众不同的才能和心智，也总存在着一些更适合于他做的事业。在竭尽全力拼搏之后却仍旧不能如愿以偿时，我们应该这样想："上天告诉我，你转入另外一条发展道路上，一定能取得成功。"因为种种原因而不得不改变自己的发展方向时，也应告诉自己：原来是这样，自己一直认为这是很适合于自己的事，不过，一定还有比这个更适合自己的事。应该看到另外一条新的道路已展现在你的眼前了。

尝试着换个地方打井，也同样会觅到甘甜清冽的泉水。

有一位农民，从小便树立了当作家的理想。为此，他十年如一日地努力着，坚持每天写作。他将一篇篇改了又改的文章满怀希望地寄往远方的报社和杂志社。可是，好几年过去了，他从没有只字片言变成铅字，甚至连一封退稿信也没有收到过。

终于在 29 岁那年，他收到了第一封退稿信。那是一位他多年来一直坚持投稿的刊物的编辑寄来的，编辑写道："……看得出，你是一个很努力的青年。但我不得不遗憾地告诉你，你的知识面过于狭窄，生活经历也显得相对苍白。但我从你多年的来稿中却发现，你的钢笔字越来越出色……"

他叫张文举，现在是一位著名的硬笔书法家。

不管从事何种职业的人，都必须充分认识、挖掘自己的潜能，确定最适合自己的发展方向，否则有可能虚度了光阴，埋没了才能。

美国作家马克·吐温曾经经商，第一次他从事打字机的投资，因受人欺骗，赔进去 19 万美元；第二次他办出版公司，因为是外行，不懂经营，又赔了 10 万美元。两次共赔将近 30 万美元，不仅把自己多年的积蓄赔个精光，还欠了一屁股债。

马克·吐温的妻子奥莉姬深知丈夫没有经商的才能，却有文学上的天赋，便帮助他鼓起勇气，振作精神，重新走创作之路。终于，马克·吐温很快摆脱了失败的痛苦，在文学创作上取得了辉煌的成就。

及时为人生掉个头，你会欣赏到另一种精彩绮丽的美景。

职场中，有人终日做着自己不大"感冒"的工作，牢骚满腹，却甘于如此，得过且过；有人痛下决心，果断地告别待遇不错的"铁饭碗"，去开创属于自己的天地。

据调查，有 28% 的人正是因为找到了自己最擅长的职业，才彻底地掌握了自己的命运，并把自己的优势发挥到淋漓尽致的程度。这些人自然都跨越了弱者的门槛，而迈进了成大事者之列；相反，有

72%的人正是因为不知道自己的"对口职业"，而总是别别扭扭地做着不擅长的工作，却又不敢换个地方"打井"。因此，不能脱颖而出，更谈不上成大事了。

如果你用心去观察那些成功者，会发现他们几乎都有一个共同的特征：不论聪明才智高低与否，也不论他们从事哪一种行业，担任何种职务，他们都在做自己最擅长的事。

优秀的人在为自己的价值能够得到发挥而寻找途径的时候，所遵从的第一要务不是要求自己立即学习到新的本领，而是试图将自己身体内的原有的才能发挥到极致。这好比要使咖啡香甜，正确的做法不是一个劲儿地往杯子里面加入砂糖，而是将已经放入的砂糖搅拌均匀，让甜味完全散发出来。

当你执着于在一个地方打井的时候，却不知甘甜清冽的泉水就在你的身后。这时，为探寻真正的人生甘泉，我们需要时刻准备，去勇敢地换个地方"打井"。

从没有一艘船可以永不调整航向

许多人以为，学习只是青少年时代的事情，只有学校才是学习的场所，自己已经是成年人，并且早已走向社会了，因而再没有必要进行学习。剑桥大学的一位专家指出："这种看法乍一看，似乎很有道理，其实是不对的。在学校里自然要学习，难道走出校门就不必再学了吗？学校里学的那些东西，就已经够用了吗？"其实，学校里学的东西是十分有限的。工作中、生活中需要的相当多的知识和技能，课本上都没有，老师也没有教给我们，这些东西完全要靠我们在实践中边摸索边学习。

彼得·唐宁斯曾是美国广播公司（ABC）晚间新闻当红主播，他虽然连大学都没有毕业，但是却把事业作为他的教育课堂。在他当了3年主播后，毅然决定辞去人人艳羡的职位，到新闻第一线去磨炼，干起记者的工作。他在美国国内报道了许多不同路线的新闻，并且成为美国电视网第一个常驻中东的特派员，后来他搬到伦敦，成为欧洲地区的特派员。经过这些历练后，他又回到ABC主播的位置。此时，他已由一个初出茅庐的年轻小伙子成长为一名成熟稳健而又受欢迎的记者。

近10年来，人类的知识大约是以每3年增加一倍的速度向上提升。知识总量以爆炸式的速度急剧增长，知识就像产品一样频繁更新换代，使企业持续运行的期限和生命周期受到最严峻的挑战。据初步统计，世界上IT企业的平均寿命大约为5年，尤其是那些业务量快速增加而急功近利的企业，如果只顾及眼前的利益，不注重员工的培训、学习和知识更新，就会导致整个企业机制和功能老化，成立两三年就"关门大吉"！联想、TCL等企业成功的经验表明：培训和学习是企业强化"内功"和发展的主要原动力。只有通过有目的、有组织、有计划地培养企业每一位员工，不断调整整个企业人才的知识结构，才能应付这样的挑战。

在知识经济迅猛发展的今天，你有没有想过，你赖以生存的知识、技能时刻都在折旧。在风云变幻的职场中，脚步迟缓的人瞬间就会被甩到后面。根据剑桥大学的一项调查，半数的劳工技能在1～5年内就会变得一无所用，而以前这些技能的淘汰期是7～14年，特别是在工程界，毕业后所学还能派上用场的不足1/4。

这绝非危言耸听，美国职业专家指出，现在的职业半衰期越来越短，高薪者若不学习，无需5年就会变成低薪。就业竞争加剧是知识折旧的重要原因，据统计，25周岁以下的从业人员，职业更新周期是人均1年零4个月。当10个人中只有1个人拥有电脑初级证书时，他的优势是明显的，而当10个人中已有9个人拥有同一种证书时，那么原有的优势便不复存在。未来社会只会有两种人：一种是忙得不可开交的人，另外一种是找不到工作的人。

所以，从没有一艘船可以永不调整航向，活到老，学到老，及时变通才是百战百胜的利器。现在知识、技能的更新越来越快，不通过学习、培训进行更新，适应性将越来越差，而企业又时刻把目光盯向那些掌握新技能、能为企业带来经济效益的人。新世纪的发展已经表明，未来的社会竞争将不再只是知识与专业技能的竞争，而是学习能力的竞争，一个人如果善于学习，他的前途会一片光明，而一个良好的企业团队，要求每一个组织成员都是那种迫切要求进步、努力学习新知识的人。

不根据自己的需要随时调整航向的船，只会被风暴卷入失败的深渊，"活到老，学到老"不是一句空口号，只要我们认真去执行，及时调整自己前进的方向，才不被社会淘汰。

与时俱进，随时进行自我更新

有时候，我们的想法往往会背叛我们的思维，想法和实际分离。"思维"这个词来自希腊文，最初是一个科学名词，目前多半用来指逻辑思维。不过广义而言，是指我们看待外在世界的观点。我们的所见所闻并非直接来自感官，而是透过主观的认识、感受与诠释。

无论是面对自我，还是面对世界，每个人都有一定的思维方式。例如说，在人类的思想行为中，有"5大基本问题"：

（1）我是谁？

（2）我如何成为今天的我？

（3）为什么我会有这样的思考、感受和行动？

（4）我能改变吗？

（5）最重要的问题是——怎么做？

延续这5大问题，我们的心灵告诉我们该怎么去认识世界、进行自我行动。所以说思维对一个人的发展来说，是至关重要的，它决定了我们对待自我、对待世界的态度。思维可以说是对于我们所能感知的世界的一个认知缩写，无论这个认知正确与否。

我们可以把思维比作地图。地图并不代表一个实际的地点，只是告诉我们有关地点的一些信息。思维也是这样，它不是实际的事物，而是对事物的诠释或理论。

很多人经常会遇到这样一种情况，到了一处陌生的地方，却发现带错了地图，结果寸步难行，感觉非常尴尬无助。同样，若想改掉缺点，但着力点不对，只会白费工夫，与初衷背道而驰。或许你并不在乎，因为你奉行"只问耕耘，不问收获"的人生哲学。但问题在于方向错误，"地图"不对，努力便等于浪费。唯有方向（地图）正确，努力才有意义。在这种情况下，"只问耕耘，不问收获"也才有可取之处。因此，关键仍在于手上的地图是否正确。我们常常嘲笑"南辕北辙"的人，却不知自己也会在错误的"心灵地图"的带领下，犯同样的错误。

在前面我们已经说过，思维不仅面对世界，还面对自我，那么"心灵地图"大致上也可分为两大类：一是关于现实世界的，这就是我们的世界观；一是有关个人价值判断的，这就是我们的价值观。我们以这些"心灵的地图"诠释所有的经验，但从不怀疑"地图"是否正确，甚至于不知道它们的存在。我们理所当然地以为，个人的所见所闻就是感官传来的信息，也就是外界的真实情况。我们的态度与行为又从这些假设中衍生而来，所以说，世界观和价值观决定一个人的思想与行为。

自我是在不断发展的，世界也是在不断进步的，所以我们行动的世界观和价值观也应该不断地完善与进步，要随时随地来完善我们的"心灵地图"。

打个比方，现在无数的城市旧貌换新颜，尤其是近几年来发生了翻天覆地的变化，如果有人使用3年前的地图，恐怕已经找不到原来的道路，更不知道如何才能找到目标。地理如此，时空如此，何况人心呢？许多人，他们之所以感到困惑、挫折，甚至感到迷失了自我，就在于他们仍然使用着过去的"心灵地图"，仍然按照旧有的生活轨道在向前走，他们不知道这幅地图已经需要修改了。

其实，我们的思维从童年就已开始发展，经过长期的艰苦努力形成了一个认识自我和世界的思维方式，形成了一幅表面上看来十分有用的"心灵地图"。我们要按这幅"地图"去应对生活中的各种坎坷，寻找自己前进的道路。

但是未必有了"心灵地图"就有了正确的行动。如果这幅地图画得很正确，也很准确，我们就知道自己在哪个位置上；如果我们打算去某个地方，就知道该怎么走。如果这幅地图画得不对、不准确，我们就无法判断怎么做才正确，怎样决定才明智，我们的头脑就会被假象所蒙蔽，因为这幅图是虚假的、错误的，我们将不可避免地迷失方向。

我们不能一辈子就带着这一幅"地图"，我们应该不断地描绘它、修改它，力求准确地反映客观现实，这样我们才不会在人间这个繁华的大都市里迷路。前人诗云："流水淘沙不暂停，前波未灭后波生。"我们必须要下工夫去观察客观现实，这样画出来的"地图"才准确。但是，很多人过早地停止了描绘"地图"的工作，他们不再汲取新的信息,而自以为自己的"心灵地图"完美无缺。这些人是不幸的、可怜的,所以他们多半有心理问题。只有幸运的少数人能自觉地探索现实,永远扩展、冶炼、筛选他们对世界的理解,他们的精神生活也丰富多彩。所以,我们要不断地修改这幅反映现实世界的"心灵地图",要不断地获取世界的新信息。如果新信息表明,原先的"地图"已经过时,需要重画,就要不畏修改"地图"的艰难,勇敢地进行自我更新。

执着与固执只有一步之遥

中国人常说:"人活一张脸,树活一层皮。""面子"的地位之重在我们的传统道德观念中可见一斑。可以说,中国社会对人的约束主要就是廉耻和脸面,然而若因此就固执地以面子为重,养成死要面子的人生态度却不是件好事。

有一个人做生意失败了,但是他仍然极力维持原有的排场,唯恐别人看出他的失意。为了能重新振兴起来,他经常请人吃饭,拉拢关系。宴会时,他租用私家车去接宾客,并请了两个钟点工扮作女佣,佳肴一道道地端上来,他以严厉的眼光制止自己久已不知肉味的孩子抢菜。

前一瓶酒尚未喝完,他已打开柜中最后一瓶XO。当那些心里有数的客人酒足饭饱告辞离去时,每一个人都热情地致谢,并露出同情的眼光,却没有一个人主动提出帮助。

希望博得他人的认可是一种无可厚非的正常心理,然而,人们总是希望获得更多的认可。所以,人的一生就常常会掉进为寻求他人的认可而活的爱慕虚荣的牢笼里面,面子左右了他们的一切。

70多年前，林语堂先生在《吾国吾民》中认为，统治中国的"三女神"是"面子、命运和恩典"。"讲面子"是中国社会普遍存在的一种民族心理，面子观念的驱动，反映了中国人尊重与自尊的情感和需要，但过分地爱面子却得不偿失。

有一个博士分到一家研究所，成为学历最高的一个人。

有一天他到单位后面的小池塘去钓鱼，正好正、副所长在他的一左一右，也在钓鱼。他只是微微点了点头：这两个本科生，有啥好聊的呢。

不一会儿，正所长放下钓竿，伸伸懒腰，蹭蹭蹭从水面上箭步如飞地走到对面上厕所。博士眼睛睁得都快掉下来了。水上漂？不会吧！这可是一个池塘啊。正所长上完厕所回来的时候，同样也是蹭蹭蹭地从水上回来了。怎么回事？博士生又不好去问，自己是博士生哪！

过了一阵，副所长也站起来，走几步，蹭蹭蹭地掠过水面上厕所。这下子博士更是差点昏倒：不会吧，到了一个江湖高手云集的地方？博士生也内急了。这个池塘两边有围墙，要到对面厕所非得绕十分钟的路，而回单位上又太远，怎么办？博士生也不愿意问两位所长，憋了半天后，也起身往水里跨：我就不信本科生能过的水面，我博士生不能过。只听"咚"的一声，博士生栽到了水里。

两位所长将他拉了出来，问他为什么要下水，他说："为什么你们可以走过去呢？"两所长相视一笑："这池塘里有两排木桩子，由于这两天下雨涨水正好在水面下。我们都知道这木桩的位置，所以可以踩着桩子过去。你怎么不问一声呢？"

上面的这个例子再经典不过了，一个人过于爱惜面子，难免会流于迂腐。"面子"是"金玉在外，败絮其中"的虚浮表现，刻意地张扬面子，或让面子成为横亘在生活之路上的障碍，终有一天会吃到苦头。因此，无论是人际交往方面还是在事业上，我们都不要因为小小的面子，为自己的生活带来不必要的麻烦和隐患。其实"面子观"是一种死守面子、唯面子是尊的价值观念和行事思想。"面子观"对我们行事做人有很大的束缚。因此，在不利的环境下我们要勇于说"不"，千万别过多地考虑面子，使自己陷入"面子观"的怪圈之中。

事实上，我们没必要为了面子而固执地使自己显得处处比别人强，仿佛自己什么都能做到。每个人都有缺陷，不要试图每一方面都优秀。聪明的人，敢于承认自己不如人，也敢于对自己不会做的事说不，所以他们自然能赢得一份适意的人生。

执着，让我们赢得了通往成功的门票，而固执，让我们在死不认输时，输掉了整个人生。所以，正确剖析自己，敢于承认技不如人，放下不值钱的面子，走出面子围城，这不是软弱，而是人生的智慧。

第十章

不生气，别跟自己过不去

操纵你的是隐蔽在内部的信念

如果有人冒犯你，请先不要愤怒，愤怒是不能解决任何问题的，只会让自己过于激动，没有办法运用理性正确地看清问题，被愤怒蒙蔽了双眼、蒙蔽了心灵，从而不能正确地看清事物的本质、判断事物的好坏，这是毫无益处的。其实真正打扰我们的不是别人的行为，别人的行为不会直接作用于我们身上，真正打扰我们的是我们自己的意见，只有我们自己的意见才会对我们的行动产生影响。所以，先放弃你对一个行为的判断吧，尝试一下下面介绍的方法，也许可以让你回归理性。

第一，思考一下你和人类的关系。所有的人类都是被神明派到世上来相互合作的，而你的位置被放在他们之上，就像是牛群中领头的公牛、羊群中领头的公羊一样。如果万物都不只是原子的聚合，那么自然必定就是支配所有事物的力量。那样的话，低级的事物必然是为高级的事物而存在的，而高级的事物之间又是彼此依存的。

第二，思考一下别人在用餐时、在睡觉时、在别的场合都是怎样的？他们遵从怎样的思想支配？在他们冒犯别人的时候，是带着怎样的骄傲？

第三，人们有时候会出于无知而不知不觉地在做着不正确的事情，这时我们不必感到不快。对于他自己来说，他只是在追求他的真理，因为没有一个灵魂是会放弃追求真理的。他也不愿意被剥夺宇宙赐予他的为人处世的能力，所以当他由于无知犯错而被人指责不正直、背信弃义、贪婪的时候，他是很痛苦的。

第四，要想到，你自己也和他们一样，犯了很多不自觉的错误。也许你已经纠正了这种错误，但难保你不会再犯。何况你防止犯这些错误，很大程度上还是出于不纯的动机，比如出于怯懦，或者害怕失去名誉，或者其他的原因。

第五，当你断定别人在做着不正当的事情时，你也要想一想你的判断是否正确，因为很多事情其中另有隐情。我们必须了解更多，才能对别人做出正确的判断。

第六，在你烦恼、愤怒和悲伤时，想一想生命是很短暂的，也许下一秒你就会死去。

第七，实际上困扰我们的并不是别人的行为，而是你对于这些行为的看法。那么消除这种看法，放弃那些认为某件事情是极恶的东西的判断，你的怒火就能够得到平息。那么怎么才能消除这种判断呢？只需要明白一个道理：就是别人的行为并不是你的耻辱，只有你自作的恶行才是你的耻辱。如果你为别人的行为也感到耻辱，那你就是在代替那些强盗或恶人受过了。

第八，要想一想，由于这种行为引起的烦恼和愤怒带给我们的痛苦，比这种行为本身带来的痛苦要多得多。

第九，保持一种和善的气质是令任何人都无法拒绝的，但必须是真实的、发自内心的，而不是一种表面上故作的微笑。始终和善地对待他人，即使最暴躁无礼的人，也不会对你怎么样。在条件允许的情况下，你可以用一种温和的态度纠正他的错误，你要以这种语气说："孩子，不要这样，我们是被宙斯派到一起来共同合作的，他将不会让我受到伤害，而你却在伤害你自己。蜜蜂，还有其他的动物，都是这样，它们都不会像你这样伤害自己。"用这样的口吻，循循善诱地告诉他这些道理，不带着任何双重的意向，不带着任何斥责、怨恨的感情，亲切和善地关心他的感受，而不要做给旁人看。

按照上面的方法，你就会发现，只要自己恢复了平静和理性，那些打扰到我们内心的事物就几乎不存在了。可见，真正影响到我们的生活的，只是我们隐藏在自己内心深处的信念。所以，只要能够控制住自己的内心，我们就掌握了人生的主动权。

发脾气无助于我们希望的和平

如果我们的心中存在不满，就总想找地方发泄出去，而最为直接的发泄方式就是发脾气。很多人认为，发脾气是最好的发泄方式，因为如果事情一直憋在心里，很容易憋出病来。可是宣泄出去了，心里就得到了放松，情绪上也会趋向平稳了。可是这样的说法是错误的。因为我们每个人都是相互影响的，一个人的怒火在发脾气中得到了释放，那么必定会有其他人受了这种不良情绪的影响，身心都受到了委屈。如果每个人都选择用发脾气的方式来宣泄自己，那么这个世界恐怕再无和平和安宁了。

心理学上有一个"踢猫效应"的故事：

一家公司的老板因急于赶时间去公司，结果闯了两个红灯，被警察扣了驾驶执照。他感到十分沮丧和愤怒，他抱怨说："今天活该倒霉！"

　　到了办公室，他把秘书叫进来问道："我给你的那五封信打好了没有？"她回答说："没有。我……"

　　老板立刻火冒三丈，指责秘书说："不要找任何借口！我要你赶快打好这些信。如果你办不到，我就交给别人，虽然你在这里干了三年，但并不表示你将终生受雇！"

　　秘书用力关上老板的门出来，抱怨说："真是糟透了！三年来，我一直尽力做好这份工作，经常加班加点，现在就因为我无法同时做好两件事，就恐吓要辞退我。岂有此理！"

　　秘书回家后仍然在发怒。她进了屋，看到8岁的孩子正躺着看电视，短裤上破了一个大洞。在极其愤怒之下，她嚷道："我告诉你多少次了，放学回家不要去瞎疯，你就是不听。现在你给我回房间去，晚饭也别吃了。以后三个星期内不准你看电视！"

　　8岁的儿子一边走出客厅一边说："真是莫名其妙！妈妈也不给我机会解释到底发生了什么事，就冲我发火。"就在这时，他的猫走到面前。小孩狠狠地踢了猫一脚，骂道："给我滚出去！你这只该死的臭猫！"

　　从这个故事中我们看出：本来是一个人的愤怒，可是经过了多次的传递，最后竟然将怒气转嫁到了猫的身上。这只猫没有办法像人类一样发泄自己的不满，否则这样的情绪传递估计就没有尽头了。所以，在面对自己的不良情绪时，要尽可能地想办法控制，而不是直接发泄出去。

　　当然，这里说的"控制"，不是说让你有什么事情都不说，有什么委屈都不去反抗，而是将大事化小，小事化无。试想，我们每天都会面对很多人，经历很多事情，如果别人不小心踩了自己一下，或者等公车的时候被撞到了头，就觉得受到了莫大的委屈，之后就要发脾气，那不是太不值得了吗？

既然我们每个人都能影响别人和受别人影响，那么我们何不放下心中的怒火，给别人一片安宁呢？这样，我们从别人那里得到的，也将是一种安宁。

火气太大，难免被列入作恶者之中

凡事不要冒火，不要记恨。我们常常恼火，甚至于对自己的家人都不能心平气和地说话。可是，当我们心怀不平的时候，一定要把火气压下去。即便你认为你自己的理由很充分，但是发火并不是解决问题的最好方法。

罗斯福深得其子女的爱戴，这是众所周知的。有一次，罗斯福的一位老友垂头丧气地来找罗斯福，诉说他的小儿子居然离家出走，到姑母家去住了。这男孩本来就桀骜不驯，这位父亲把儿子说得一无是处，又指责他跟每个人都处不好。

罗斯福回答说："胡说，我一点儿都不认为你儿子有什么不对。不过，一个人如果在家里得不到合理的对待，他总会想办法由其他方面得到的。"

几天后，罗斯福无意中碰到那个男孩，就对他说："我听说你离家出走，是怎么回事？"男孩回答："是这样的，每次我有事找爸爸，他都会发火。他从不给我机会讲完我的事，反正我从来没有对过，我永远都是错的。"

罗斯福说："孩子，你现在也许不会相信，不过，你父亲才真正是你最好的朋友。对他来说，你是这世上最重要的人。"

"也许吧！不过我真的希望他能用另一种方式来表达。"

接着罗斯福去告诉那位老友，发现几乎令其惊讶的事实，他果然正如其儿子所形容的那样暴跳如雷。于是，罗斯福说："你看！如果你跟儿子说话就像刚才那样，我不奇怪他要离家出走，我还觉得奇怪他怎么现在才出走呢？你真是应该跟他好好谈一谈，心平气和地跟他沟通才是。"

跟孩子沟通需要的是耐性，因为孩子很少能理智地面对问题，如果我们强硬地表达自己的想法，那么等来的肯定是他们的不理解，并且很可能会加重他们的叛逆思想。当孩子对我们的不满越积越多的时候，在他们的眼里，我们也就成了恶人，再没有办法走入他们的世界了。

同理，在处理事情的时候，如果不能冷静地分析其中的缘由，提供解决问题的办法，而单单用呵斥和责骂来表达你的情绪时，很可能会招致对方的不满。尽管当时对方可能没有表达对你的恨意，可是时间久了，他们也可能对你的反感与日俱增。

火气越大的人越容易发怒，而愤怒常常让人失去了理智。如果长期被这种情绪所控制，不仅会损害我们的身体，还可能在心理上形成焦躁、恼恨、嫉妒、粗暴等情绪，让我们的生活从此失去谦和的香气。

试想，如果一个人总是粗暴的对待别人，经常嫉恨别人，那么还会有人愿意跟他相处吗？所以，我们要适时控制自己的火气，别因为一时的冲动将自己打入恶者的行列。

暴躁是发生不幸的导火索

一个人性格暴躁的最直接表现就是非常容易愤怒，因此，愤怒是一种很常见的情绪，特别是年轻人。比如，血气方刚的小伙子，他们往往三两句话不对，或为了一点儿芝麻绿豆大的事情就大打出手，造成十分严重的后果。

其实，愤怒是一种很正常的情绪。它本身不是什么问题，但如何表达愤怒则是个问题。有效地表达愤怒会提高我们的自尊感，使我们在自己的生存受到威胁的时候能勇敢地战斗。

脾气暴躁，经常发火，不仅是强化诱发心脏病的致病因素，而且会增加患其他病的可能性，它是一种典型的慢性自杀。因此为了确保自己的身心健康，必须学会控制自己，克服爱发脾气的坏毛病。

如何有效地抑制生气和不友好的情绪呢？这主要在于自己的修养和来自亲人及朋友的帮助与劝慰。实验证明，在行为方式有改善的人中，死亡率和心脏病复发率会大大下降。为了控制或减少发火的次数和强度，必须对自己进行意识控制。当愤愤不已的情绪即将爆发时，要用意识控制自己，提醒自己应当保持理性，还可进行自我暗示："别发火，发火会伤身体。"有涵养的人一般能控制住自己。同时，及时了解自己的情绪，还可向他人求得帮助，使自己遇事能够有效地克制愤怒。只要有决心和信心，再加上他人对你的支持、配合与监督，你的目标一定会达到。

一般来说，性格暴躁的人都有如下的一些表现：

（1）情绪不稳定。他们往往容易激动。别人的一点儿友好的表示，他们就会将其视为知己；而话不投机，就会怒不可遏。

（2）多疑，不信任他人。暴躁的人往往很敏感，对别人无意识的动作，或轻微的失误，都看成是对他们极大的冒犯。

（3）自尊心脆弱，怕被否定，以愤怒作为保护自己的方式。有的人希望和别人交朋友，而别人让他失望了，他就给人家强烈的羞辱，以挽回自己的自尊心。这同时也就永远失去了和这个人亲近的机会。

（4）没有安全感，怕失去。

（5）从小娇惯，一贯任性，不受约束，随心所欲。

（6）以愤怒作为表达情感的方式。

有的人从小父母的教育模式就是打骂，所以他也学会了将拳头作为表达情绪的唯一方式。甚至有时候，愤怒是表达爱的一种方式。

（7）将别处受到的挫折和不满情绪发泄在无辜的人身上。

应当说，脾气是一个人文化素养的体现。大凡有文化、有知识、有修养者，往往待人彬彬有礼，遇事深思熟虑，冷静处置，依法依规行事，是不会轻易动肝火的。而大发脾气者，大多是缺乏文化底蕴的人，他们似干柴般的思想修养，遇火便着，任凭自己的脾气脱缰奔驰，直至撞墙碰壁，头破血流，惹出事端。

所以，情绪容易暴躁的人，提高自己的素质修养刻不容缓。

下面的八条措施将帮助你完成改变暴躁性格这一心理、生理转变过程，臻于性格的完善。

（1）承认自己存在的问题。请告诉你的配偶和亲朋好友，你承认自己以往爱发脾气，决心今后加以改进，希望他们对你支持、配合和督促，这样有利于你逐步达到目的。

（2）保持清醒。当愤愤不已的情绪在你脑海中翻腾时，要立刻提醒自己保持理性，你才能避免愤怒情绪的爆发，恢复清醒和理性。

（3）推己及人。把自己摆到别人的位置上，你也许就容易理解对方的观点与举动了。在大多数场合，一旦将心比心，你的满腔怒气就会烟消云散，至少觉得没有理由迁怒于人。

（4）诙谐自嘲。在那种很可能一触即发的危险关头，你还可以用自嘲解脱。"我怎么啦？像个3岁小孩，这么小肚鸡肠！"幽默是改掉发脾气的毛病的最好手段。

（5）训练信任。开始时不妨寻找信赖他人的机会。事实会证明，你不必设法控制任何东西，也会生活得很顺当。这种认识不就是一种意外收获吗？

（6）反应得体。受到不公平对待时，任何正常的人都会怒火中烧。但是无论发生了什么事，都不可放肆地大骂。而该心平气和、不抱成见地让对方明白，他的言行错在哪儿，为何错了。这种办法给对方提供了一个机会，在不受伤害的情况下改弦更张。

（7）贵在宽容。学会宽容，放弃怨恨和报复，你随后就会发现，愤怒的包袱从双肩卸下来，显然会帮助你放弃错误的冲动。

（8）立即开始。爱发脾气的人常常说："我过去经常发火，自从得了心脏病，我认识到以前那些激怒我的理由，根本不值得大动肝火。"请不要等到患上心脏病才想到要克服爱发脾气的毛病吧，从今天开始修身养性不是更好吗？

一位哲人说："谁自诩为脾气暴躁，谁便承认了自己是一名言行粗野、不计后果者，亦是一名没有学识，缺乏修养之人。"细细品味，煞是有理。愿我们都能远离暴躁脾气，做一个有知识、有文化、有修养的人。

因此，能够自我控制是人与动物的最大区别之一。脾气虽与生俱来，但可以调控。多学习，用知识武装头脑，是调节脾气的最佳途径。知识丰富了，修养提高了，法纪观念增强了，脾气这匹烈马就会被紧紧牵住，无法脱缰招惹是非，甚至刚刚露头，即被"后果不良"的意识所制约，最终把上蹿的脾气压下，把不良后果消灭在萌芽状态。

愤怒就是灵魂在摧残自身

人经常不能控制自己的怒气，为了生活中大大小小的事情勃然大怒或者愤愤不平，愤怒由对客观现实某些方面不满而生成。比如，遭到失败、遇到不平、个人自由受限制、言论遭人反对、无端受人侮辱、隐私被人揭穿、上当受骗等多种情形下人都会产生愤怒情绪。表面看起来这是由于自己的利益受到侵害或者被人攻击和排斥而激发的自尊行为，其实，用愤怒的情绪困扰灵魂，乃是一种自我伤害。

对身体健康的伤害只是其中一个方面，愤怒对于灵魂的摧残尤为严重。由灵魂而生的愤怒情绪，又回过头来伤害灵魂本身，让灵魂变得躁动不安，失去原有的宁静和提升自己的精力和时间，这是灵魂的一种自戕。

正如思想家蒲柏所说："愤怒是由于别人的过错而惩罚自己。"文学家托尔斯泰也说："愤怒对别人有害，但愤怒时受害最深者乃是本人。"

我们愤怒于别人的言行，让愤怒占据了大部分的灵魂空间，灵魂负载着重担，再无法关照自身，更不能得到任何形式的提升，反而在愤怒情绪的支配下更加容易丧失理智，甚至于越来越远离人的高贵，接近于动物的蒙昧和愚蠢。

结果，因为我们愤怒的人与事而使自己无法用心做事，然而他们继续做着错的事，享受着愉悦的心情；

结果，因为愤怒，我们无法专注于眼前的工作，没能很好地履行自己的职责；

结果，我们只顾着愤怒，而无暇体验生命中原本存在的其他美和善。

折磨我们的是自己的愤怒情绪，而非别人的一些令人愤怒的行为。控制自己的愤怒情绪，从而避免让灵魂受到伤害，是完全在我们的力量范围之内的。

不管经历任何事情，我们都要制怒，在脉搏加快跳动之前，凭借理智的伟力平静自己。

想一想，如果惹你生气的人犯了错误，是某种他们不可控的原因，我们为什么还要愤怒呢？

如果不是这样，那么他们犯错一定是由于善恶观的错误。我们看到了这一点，说明在善恶观的问题上，我们的灵魂比他们优越，比他们更理性，更能辨明是非黑白。对于他们，我们只有怜悯，不应有一丝愤怒。

对于犯了错误的人，尽己所能平静地劝诫他们，把他们当成理智生病的人一样医治，没有必要生气，心平气和地向他们展示他们的错误，然后继续做你该做的事，完成自己的职责。

用沉默来回应无理

面对他人无理的对待，你不必硬碰硬，试着以巧妙圆融的智慧来处理，事情一样会有回转的余地，其实最大的智慧便是以沉默来回应。正如哲人所说："忍耐与智慧是抵御嘲辱的最佳盾牌，当你面对小人无理的羞辱和嘲弄，当场的硬碰硬也许只会得到更大的欺辱，尤其当你处于弱势的境地。此时何不忍耐一下，事后冷静思索，找到对方的致命弱点，攻其不备，这才是明智的处世哲学。"

当然，这需要你当时的忍耐，不能忍一时之气的人，是无法领会这种智慧的高深。对于大多数人来说，逞一时口快，泄一时之愤，是最大快人心的事。但是有涵养的人是不会这么做的，今天也让自己做一回有涵养之人吧。

很简单，无论对方发出什么招，多难听的话，多过分的举动，都不要理会他，仿佛与己无关，专心做自己的事，不要因为对方的言行停下你手中的活，让对方以为，你根本对他不屑一顾，你根本不拿他的无理当挑衅。也就是说，你根本不拿他当对手，其实这才是对一个争强好胜的人的最大反击。

吵架有时候是种发泄，但是，如果碰到无理取闹的人，你说再多也是白费口舌，对自己的精神绝对是种折磨，还不如睁一只眼闭一只眼，不予理睬。这个人说话很不讲道理，让人恼火，你可能真的快沉不住气了，很想冲上前打骂一顿。但是这种无理取闹的人，他的目的就是想闹，惹恼你他才高兴，看着你气急败坏的样子他肯定在心里偷乐。其实，对付这种人最好的办法就是不理他，任其吵闹，你还是继续做自己手中的事，保持你脸上的微笑，这个微笑是留给自己的。慢慢地，对方也会觉得很无趣，或者会为你的豁达所折服。

当然，这样做也许很难，因为人都有血性，谁也做不了圣人。当别人真的很过分的时候，保持一颗平静的心就显得是多么的难能可贵。但是你要相信自己一定能做到，并在心里默默地鼓励自己，甚至还可以对吵闹的人说，你要不要坐下来慢慢说？或者干脆逃开，说我有事要先出去，你自己慢慢说吧！所谓眼不见，心不烦，走开了还落得个耳根清净。对方可能会大叫大嚷，故意拿话来激你，这个时候你尤其要沉住气，要知道逞一时的口舌之快只会带来更多的烦躁和气恼。除非你也不讲道理，跟对方展开大战，不顾形象地破口大骂，即使最后你在气势上压倒了对方，你也累得筋疲力尽，这样值不值呢？因此，碰到无理的人，最好的办法就是不要当场就出招，除非你有绝妙的反击策略，而且胸有成竹。但是，对于大多数人来说，愤怒和激动会让你失去理智，思维迟钝，这个时候往往是想不出什么好点子的。所以，不如用沉默换来冷静的时间，让头脑清醒一下，想想你的绝招吧。

一个发条上得太紧的表不会走得太久

现代社会高速发展，人们的生活节奏也愈来愈快，忙碌的人们因此不知不觉地损害了自己的身心健康，整个心灵都被日益繁重的学习或工作压迫着。许多人整日坐于室内，活动量并不大，但心灵却分分秒秒地高速运转着，在此种情况下，一旦发生弹性疲乏，势必造成精神上的崩溃。因此，我们必须减慢生活的速度，否则，紧张的结果就是心灵超负荷运转，最后导致不幸的发生。

在美国全国高等院校篮球锦标赛上，一场比赛在加时赛还有几秒钟就要结束时，丹尼尔·马歇尔走到罚球线前。对垒的两队这时打成平手，马歇尔只要两罚进一，他的球队就可以获胜。

平常练习时，马歇尔投罚球几乎是百发百中的。这天晚上，他在全场观众的注视下深吸了一口气，拍了几下球，然后定睛注视着篮球框——结果两罚俱失，他紧张得没有投中。加时赛之后，马歇尔的队输了。

紧张情绪是人们精神活动的一种现象，是一种因某种压力引起的高度调动人体内部潜力应以对压力而出现的生理和心理上的应激变化。适度的紧张有助于人们激发内在潜力，但过度紧张则会使简单的变得复杂，复杂的变得更加复杂。

过度紧张会使人动作失调、行为紊乱，降低效率。因为人们在过度紧张的情况下，脑神经的兴奋和抑制过程失调，出现暂时性的不平衡。这时，人就会体验到一种难以自制的心慌、不安、激动和烦躁的情绪。

　　一个发条一直上得太紧的表不会走得太久；一个马力经常加到极限的车不会用得太久；一个绷得过紧的琴弦易断；一个心情日夜紧张的人则容易生病。所以，善用表的人永不会把发条上得太紧；善驶车的人永远不会把车开得过快；善抚琴的人永远不会把琴弦绷得过紧；善养生的人永远不会使自己的心情日夜紧张。

　　第二次世界大战时，丘吉尔有一次和蒙哥马利闲谈，蒙哥马利说："我不喝酒，不抽烟，到晚上10点钟准时睡觉，所以我现在还是百分之百的健康。"丘吉尔却说："我刚巧与你相反，我既抽烟，又喝酒，而且从来都没准时睡过觉，但我现在却是百分之二百的健康。"蒙哥马利感到很吃惊，像丘吉尔这样工作繁忙紧张的政治家，生活如果这样没有规律，哪里会有百分之二百的健康呢？

　　其中的秘密就在于丘吉尔经常放松自己，让心情轻松。即使在战事紧张的周末他还是照样去游泳；在选举战白热化的时候他还照样去垂钓；工作再忙，他也不忘抽一支雪茄放松心情。

　　富兰克林·费尔德说过："成功与失败的分水岭可以用五个字来表达——我没有时间。"当你面对繁重的工作任务感到精神与心情特别紧张和压抑的时候，不妨抽一点儿时间出去散心、休息，直至感到心情比较轻松后，再回到工作中来，这时你会发现自己的工作效率特别高。紧张过度，不仅会导致严重的精神疾病，还会使美好的人生走向阴暗。只有舒缓紧张情绪，放松自己的心灵之弦，才能在人生的道路上踏歌前进。

第十一章
改变不了世界，就改变自己

敞开你的心窗

人的心灵往往在过去和未来之间摆荡，不是对已发生的事耿耿于怀，就是对尚未发生的事忧心忡忡，浑然不识"当下"的滋味。结果是，过去的包袱无法丢弃，而未来的重担又把自己弄得喘不过气来，永远在过去和未来之间游移。主动地去迎接美好的阳光吧，忘记以前的昏暗和阴雨，打开窗户，看看外面已经是大好的晴天。

阿加莎一直和丈夫过着拮据的生活，他们有两个孩子。可是，丈夫忽然患了癌症，昂贵的治疗费用不仅耗光了家里仅有的一点存款，而且还借了许多外债，可是最终仍然没能挽回丈夫的生命。丈夫去世后，家里已经是一贫如洗，阿加莎不得不努力赚钱养活自己和两个孩子。她以分期付款的方式买了一部旧车，为一家出版公司推销图书，没有固定薪水，全靠业务提成，收入毫无保障。

阿加莎觉得孤独、沮丧，每天有一百个担心：怕付不起购车贷款、怕交不起房租、怕没有足够的东西吃、怕付不起孩子的学杂费、怕突然生病而无钱看医生……她觉得生活毫无希望，她想自杀来解脱自己，又怕孩子沦为可怜的孤儿，她真不知道如何打发每天了无生趣的日子。

有一天，阿加莎在一本书上看到了后来改变她命运的一句话："对一个聪明人来说，主动打开窗让阳光进来，那么每天都会是一个新的生命。"她忽然醒悟，才发现自己一直活在昨天的不幸和明天的恐惧中，反而忽略了今天。

阿加莎因为这句话激动了半天，她将这句话打印出来，贴在床头一份，贴在车子前面的挡风玻璃上一份。每天起床的时候，她就对自己说："今天又是一个新的生命！"每天开车上路的时候，她也会对自己说："今天是多么美好的一天。"然后满怀希望地上路。

渐渐地，阿加莎学会了忘记过去，不想未来，只想如何干好眼前的每一件事情。她的心情逐渐开朗起来，她的笑容和乐观也感染了她的客户，销售业绩和个人收入成倍增长。她还了债，经济状况得到了很好的改善。后来，她还遇到了一个好男人，重新披上婚纱，过上了幸福的生活。

不要哀叹过去，勇敢地面对现实，生活中没有人天天如意，脚下的路还等着我们去开辟，心灰意冷只是在折磨自己。

把自己先前疲倦、无力的状态全都抛却，随时打开你的窗户，让阳光照进来吧！你会发现温暖属于自己。让阳光进来，你就会发现增加的不仅仅是前进的动力，更重要的是增加了你对生命的热爱。生活需要阳光！请把窗户打开！

换个角度看自己

一样的人生，异样的心态，看待事情的角度也截然不同。苛责的人看待问题很容易偏激，我们应能跳出来看自己，以乐观、豁达、体谅的心态来观照自己、认识自己；不苛求自己，更重要的是超越自己、突破自己。

跳出来看自己，不妨换个角度，你就会认识到生活的苦、累或开心、舒坦，这取决于人的一种心境，牵涉到人对生活的态度、对事物的感受。勇敢地面对多舛的人生，在忧伤的瘠土上寻找痛苦的成因、教训及战胜痛苦的方法，让灵魂在布满荆棘的心灵上做出勇敢的抉择。

人的一生总免不了磕磕碰碰，遇到不快而生气，或遇到天灾人祸而痛不欲生，每当这个时候，我们是怎样去处理的呢？

记得有位哲人曾说："我们的痛苦不是问题的本身带来的，而是我们对这些问题的看法而产生的。"这话很有哲理，它引导我们要学会解脱。

话说，夏天的傍晚，有一美丽的少妇投河自尽，被正在河中划船的白胡子艄公救起。艄公问："你年纪轻轻，为何寻短见？""我结婚才两年，丈夫就遗弃了我，接着孩子又病死了。您说我活着还有什么乐趣？"艄公听了沉吟有顷，说："两年前，你是怎样过日子的？"少妇说："那时我自由自在，无忧无虑呀……""那时你有丈夫和孩子吗？""没有。""那么你不过是被命运之船送回到两年前去，现在你又自由自在无忧无虑了。请上岸去吧……"

话音刚落，少妇恍如做了一个梦，她揉了揉眼睛，想了想，便离岸走了。从此，她没有再寻短见。

少妇回心转意，是因为她从另一个角度看自己，从而看到一种生的曙光。很多时候，我们所有的苦难与烦恼都是自己依靠过去生活中所得到"经验"做出的错误判断，这时，我们不妨跳出来，换个角度看自己，就不会为职场失败、商场失手、情场失意而颓唐，也不会为名利加身、赞誉四起而得意忘形。换个角度看待自己是一种突破、一种解脱、一种超越、一种高层次的淡泊宁静，从而获得自由自在的乐趣。

当人生的理想和追求不能实现时，不妨换个角度来看待人生。换个角度，便会产生另一种哲学，另一种处世观。

看开，想开，烦恼就会走开

你可否有过这样的经历：当理想与现实发生冲突，期望的未必能够获得，获得的却未必是所期望的，于是，我们就陷入了"看不开""想不明白"的漩涡中，被搅得头昏脑涨、昏天黑地，找不到生活的方向与快乐。

克利斯朵夫·利瓦伊曾是一位杰出的演员，深受观众的喜爱。然而一场意外却让他成为一个高位截瘫者。克利斯朵夫·利瓦伊再也无法继续他的演员梦了，这让他备受煎熬。

出院后的克利斯朵夫·利瓦伊只能坐在轮椅上，再也无法行走了。他以为自己的一生将就此枯萎，一想到自己再也没有机会回到电影行业，他的内心就会袭来一股巨大的悲伤。

一次，克利斯朵夫·利瓦伊和家人一起外出散心，汽车在蜿蜒的盘山公路上穿行。克利斯朵夫·利瓦伊目光呆滞地望着窗外，他忽然发现，每当车子即将行驶到无路的关头时，路边都会出现一块"前方转弯"的交通指示牌。而转弯之后，前方的路依然开阔。

当"前方转弯"几个大字一次次进入他的眼球的时候，猛然间，他恍然大悟：原来，不是路已到尽头，而是该转弯了。从此，克利斯朵夫·利瓦伊以轮椅代步，当起了导演。他再一次回到了深爱的影视行业，努力和付出让他首次执导的影片就荣获了金球奖。不仅如此，他还用牙咬着笔，创作出了他的书稿。

如果我们认为自己失去了一切，就会意志消沉，把人生过得灰暗颓废。但你身上的潜力还在，擅于发掘潜力，你就能将失去的重新弥补回来。人生起起浮浮，跌到谷底之后就会上升，只要我们不放弃，就能乘胜追击，迎来又一个繁荣。所以忘记你现在的失去，要知道路没有走到尽头的那天，一切都还有机会，而一切的机会又都在我们手中。聪明的人会把失去的当成一种成功前所投资的资本。

失去并不糟糕，糟糕的是你以为自己失去了一切。

"看不开"是因为别人得到的他没有得到，或者是他根本不可能得到，因此转不过弯来。其实，转不过弯来的时候，你不妨这样想：生活就是这样，不是你的，无论你怎么努力地去追寻，它还是会从你手中溜走；如果是属于你的，就算你不去找，顺其自然，总有一天它还会掌握在你的手中。那么，何不把心态放宽松一些？遇事多往开处想，没有必要与自己过不去。

遇事"看得开""想得开"的人有一些值得得我们借鉴的地方：就是朝前看、朝好处看，绕开眼前的悲伤和失意，忘掉令我们失望的人和事。

我们要常常提醒自己：暗淡的日子会过去，总有一天，生活会呈现出明媚和动人的时刻，明天定会比今日美好。

快乐不在别处，就在你的心里

一个人快乐与否，不在于他拥有什么，而在于他怎样看待自己的拥有。也就是说，快乐是一种积极的生活态度，要知道谁都无法让我们安然无恙、无忧无虑地过一辈子。快乐不在于事情本身，而在于心的感受，唯有真正的从心底满足，才是真正的幸福。

康熙在他登基 60 周年的时候举办了千叟宴，作为皇帝，他敬了 3 杯酒。第一杯酒敬给了孝康皇太后，感谢她生育了自己，并且辅助他登上了皇位；第二杯酒敬给天下黎明百姓和大臣，感谢百姓的努力，大臣的辅助，才有了今天普天同庆的大好局面；第三杯酒则敬给了鳌拜、郑经、吴三桂、噶尔丹这些逆臣。

大臣们对这第三杯所敬十分不解，都感到非常惊讶。康熙明白大臣们的意思，于是解释道："我要感谢他们，是他们逼我走上了皇位，逼我不断进步，让我时刻感到危机，如果没有他们，就没有今天的康熙，也没有今天这样繁荣的社会，所以我感谢他们。"

把一直和自己作对的人当成自己感激的人，这不得不说是康熙的一大智慧。烦恼又怎样？痛恨又怎样？一味抱怨自己遇到这些奸臣又何济于事？康熙看得很开，他把这些逆臣的对抗当成磨炼自己的机会。一个人在取得成功的道路上不可能一帆风顺，总有千千万万的对手，是这些对手逼迫你去努力、去进步，如果没有这些对手，那么你是万万不能够取得成功的。看得开，让康熙受万人景仰，同时还为自己创造了一个好心境。

很多时候是我们的心灵导致我们绝望，只要我们放弃绝望的思想，换一个角度想问题，把一切都看开些，就不会死钻牛角尖，就会豁达起来，发现阳光依旧照耀着你，月光仍然爱抚着你。如此看来，痛苦或快乐完全取决于你的一念之间。

事实也的确如此，心态决定你是否快乐，只要我们能够以乐观的态度对待命运，命运也就不那么可怕了。

作家罗曼·罗兰说得好："一个人的快乐与否，绝不依据获得了或是丧失了什么，而只能在于自身感觉怎样。"所以说，快乐与否和外在的因素没有太大的关联，快乐是一种心态，是一种生活的态度。拥有快乐的心境，就算我们没有过多的物质基础，就算我们遇人不淑，就算我们不再年轻美丽，我们也能用乐观的眼光看待生活的另一面，让自己享受快乐，因为快乐就在我们的心里。

我们没有能力改变客观存在的事实，但是我们可以改变自己看待生活的角度。调整自己的心态，让内心被阳光充盈，就可以将生活的阴影抛在身后。

快乐来自于内心的安详

如果眼睛里有一粒细微的沙子，也会使眼睛感到很不舒服；如果皮肤上哪怕有一点火星，也会使皮肤感到很痛苦；同样，内心哪怕生起一分钟的嗔怪，也会使我们的生命在某一段时间内"暗无天日"。

从前有一个磨坊主，他在河边修建了一座房子，和他的妻子孩子一起住在那里，村子里的人都说他是世界上最快乐的人。

磨坊主并没有许多钱，而且每天都得从早忙到晚，任何时候你都能看见他在磨坊里劳作。但他是那样的乐观，村子里的人每天都能听见他像云雀一样欢快的歌声。大家不明白为什么他能天天都如此快乐，但只要一听见他的歌声就又都被感染得很快乐，所以大家觉得他是个神奇的人。

这件事传到国王的耳朵里，整日为国事操劳、郁郁寡欢的国王听说他是个神奇的人，于是就让人把他叫到宫殿里。当国王看见磨坊主一脸的笑容时，就对他说："你为什么这么快乐？难道你认为那个满是灰尘的磨坊里很舒适吗？天天从早忙到晚，如此辛苦你不觉得累吗？那你为什么还如此高兴快活呢？虽然我身为国王，但并不能得到像你那么多的开心，我很羡慕你，你能告诉我快乐的秘诀吗？"

磨坊主听后回答说："国王，我不知道你为什么不开心，我也没有什么快乐的秘诀，但是我能简单地告诉你我为什么这么快乐。我自食其力，虽然挣的钱不多，但能维持一家人的生活；我有爱我的妻子和孩子，还有一大堆朋友，他们都会在我有困难的时候帮助我；虽然我没有像国王您那么多的财富，但我不欠任何人的钱，这就让我知足了。我已经拥有了这么多东西，我为什么不应当快乐呢？"

世间一切心灵的痛苦和不快乐都来源于自己的内心对外界放不下，一旦内心能够放下，痛苦从何而来呢？所以，解决世间一切痛苦最省事、最便捷、最彻底的方法就是放下内心对外界的执着。

我们对世间的一件事放不下，就会有一个痛苦；对两件事放不下，就会有两个痛苦；对三件事放不下，就会有三个痛苦；如是，对一万件事放不下，就会有一万个痛苦。而且，如果我们的执着越强，内心的痛苦就会越多。

人人都渴望得到幸福和安乐。可是，很少有人知道得到幸福安乐的方法。其实，从根本上来说，得到幸福安乐的方法有且仅有一个——那就是把持住自己的内心，使自心始终保持在快乐的状态，内心安详才能由衷的快乐。

快乐是一种习惯

澳大利亚作家安德鲁·马修斯说："每人都希望自己是快乐的，可我们都太忙了，都把快乐这事给忘了。对很多人来说，最大的困难是如何在平凡简单中寻找一种乐趣。"他认为，"不是每个人每时每刻都是快乐的，大家都有伤心、低落、失望的时候，重要的是我们能从失望和绝望中走出阴影。快乐有两种：一种是比较哗众取宠的快乐，另一种是你内心深处真正感到的快乐——你在做一些很有意义、对他人有帮助的事情。"

的确，这种源自内心深处的快乐才是真正的快乐。那种求助于毒品、酒精和性所产生的所谓"快乐"，事实上只是一种生理的快感，并非快乐。快感稍纵即逝，快乐浸润绵长，短长舍取，虽愚者亦知矣。我们每个人都渴望心中能时时生出快乐，渴望快乐能够长伴终生，其实大部分人都不知道，快乐其实是一种习惯。

有位年轻人，失恋又失业，做什么事都不如意。心理医生帮他探究原因，发现原来在他很小的时候，常被保姆推倒取乐，使他在人生学到的第一个防卫机制就是"肢体紧绷、两腿微张而立"，使自己不轻易跌倒。这个身体动作不知不觉带入到他的人际关系和工作领域，造成了他和别人相处的压力。

另一个故事的主角是位年轻的太太，她总是浮现"会跌跤"的心理暗示，而结果也真的如同她所担心的那样，处处摔倒、碰壁，与婆婆关系不和，与同事关系紧张。原来，她刚学走路时，每次她站起身，外婆总是紧张兮兮地大叫："小心，会跌破头！"这样的尖叫，深深地留在了她的潜意识中，此后，每次尝试什么事时，她都会被"你会跌跤"这个负面想法卡住。

"快乐"其实是一种习惯，生理上的习惯和心理上的习惯都会影响一个人的心情。从小给孩子错误的心理暗示，孩子就会形成不快乐的心理障碍，严重影响其长大后的言行举止。因此，想让孩子得到快乐，家长就要在他小的时候给他种下一颗"快乐的种子"。

　　快乐可以成为一种行为习惯，快乐实际上是一种心理状态，快乐的心态决定快乐的命运。养成快乐的心理习惯，我们就会成为自己命运的主人，因为快乐的习惯将使我们不受外在条件的支配。

　　我们每个人的心都像一块磁石，当我们心存快乐、充满友善的时候，周围快乐美好的因素就自然会被吸引到我们身边；反之，当我们悲观失望、忧郁冷漠的时候，周围压抑、忧伤的事物也会追踪而至。

　　习惯从容，我们便会有坦然自若、大度淡泊的心态。面对周围环境的种种变化，我们将不急不躁，不惊不惧，不为自己不能主宰的事烦心，不试图去"控制"任何事。这时，我们会发现，原来我们的生活可以变的如此轻松，如此快乐。

让自己在最深的绝望里，遇见最美丽的惊喜

　　所谓绝境，不过是成功前的一个热身、蹲下身、屈起臂膀、起跳……这一个个动作，都是为最后那完美的冲刺所做的精心准备。因此，不管你现在顺利与否、灰心与否，让我们共同记住：天无绝人之路，更无绝人之境。面对人生接踵而至的绝境，要坚定地告诉自己：我一定能在最深的绝望里，遇见最美丽的惊喜。

　　当你被命运无情捉弄，当你的生活一无所有，当你失去亲人和朋友，当你的肢体变得残缺，请不要绝望，因为你还有人最宝贵的东西——生命。所以就算遭受了多么大的打击，也不要放弃活下去的念头，每个人都是造物主的杰作，父母赐予我们生命，我们就该好好珍惜。看看那些为了生存苦苦挣扎的人，他们都在为生存而努力勇敢地走下去。

　　跌倒了爬起来继续往前走，放弃堕落和脆弱，只要活着，就有

希望。

也许你以为自己深陷绝路，你认为所有的努力都是徒劳的，其实，再坚持一会儿，再试一下，就有可能看到胜利的曙光。很多时候，打败你的不是对手，也不是外部的环境，而是你自己的脆弱。并不是生活把你逼上了绝路，而是你自己把自己拉向了深渊。不管身处什么样的境地，都不要用绝望代替希望，只要有希望与你同在，总会出现柳暗花明又一村的转机。

相信自己没有什么不能做到，如果抱着巨大的热情和坚强的意志去改变现实，你就能掌控自己的命运。

只有多吃一点儿苦，才能磨炼出我们克服困难的勇气。只要我们有突破困境的信心，就不会惧怕黎明前的黑暗。只要我们能再坚持一下，再努力一回，迈出自己自信的步伐，完成这最后也是最关键的一步，我们就一定能进入成功的殿堂。

第十二章
莫苛求，世上没有绝对的完美

不完满才是人生

一位名叫奥里森的人希望寻找到一个完美的人生，他某天有幸遇到了一位女士，她告诉奥里森她能帮他实现愿望，并把他带到了一所房子前让他选择他的命运。奥里森谢过了她，向隔壁的房间走去。里面的房间有两个门，第一个门上写着"终生的伴侣"，另一个门上写的是"至死不变心"。奥里森忌讳那个"死"字，于是便迈进了第一个门。接着，又看见两个门，左边写着"美丽、年轻的姑娘"，右面则是"富有经验、成熟的妇女和寡妇们"。当然可想而知，左边的那扇门更能吸引奥里森的心。可是，进去以后，又有两个门。上面分别写的是"苗条、标准的身材"和"略微肥胖、体型稍有缺陷者"。用不着多想，苗条的姑娘更中奥里森的意。

奥里森感到自己好像进了一个庞大的分拣器，在被不断地筛选着。下面分别看到的是他未来的伴侣操持家务的能力，一扇门上是"爱织毛衣、会做衣服、擅长烹调"，另一扇门上则是"爱打扑克、喜欢旅游、需要保姆"。当然爱织毛衣的姑娘又赢得了奥里森的心。

他推开了把手，岂料又遇到两个门。这一次，令人高兴的是，介绍所把各位候选人的内在品质也都分了类，两个门分别介绍了她们的精神修养和道德状态："忠诚、多情、缺乏经验"和"天才，具有高度的智力"。

奥里森确信，他自己的才能已能够应付全家的生活，于是，便迈进了第一个房间。里面，右侧的门上写着"疼爱自己的丈夫"，左侧写的是"需要丈夫随时陪伴她"。当然奥里森需要一个疼爱他的妻子。下面的两个门对奥里森来说是一个极为重要的抉择：上面分别写的是"有遗产，生活富裕，有一幢漂亮的住宅"和"凭工资吃饭"。理所当然地，奥里森选择了前者。奥里森推开了那扇门，天啊……已经上了马路了！那位身穿浅蓝色制服的门卫向奥里森走来。他什么话也没有说，彬彬有礼地递给奥里森一个玫瑰色的信封。奥里森打开一看，里面有一张字条，上面写着："您已经'挑花了眼'。"

人不是十全十美的。在提出自己的要求之前，应当客观地认识自己。像奥里森那样渴求人生的完美，不仅对自己的心灵带来沉重负担，也是"不可能完成的任务"。其实人生当有不足才是一种"圆满"，因为不完美才让人们有盼头、有希望。古人常说："人生不如意事十之八九。"聪明的人应该明白这个道理。

古时候，一户人家有两个儿子。当两兄弟都成年以后，他们的父亲把他们叫到面前说："在群山深处有绝世美玉，你们都成年了，应该做探险家，去寻求那绝世之宝，找不到就不要回来。"兄弟俩次日就离家出发去了山中。

大哥是一个注重实际不好高骛远的人。有时候，发现的是一块有残缺的玉，或者是一块成色一般的玉甚至那些奇异的石头，他都统统装进行囊。过了几年，到了他和弟弟约定的汇合回家的时间。此时他的行囊已经满满的了，尽管没有父亲所说的绝世完美之玉，但造型各异、成色不等的众多玉石，在他看来也可以令父亲满意了。

后来弟弟来了，两手空空，一无所得。弟弟说："你这些东西都不过是一般的珍宝，不是父亲要我们找的绝世珍品，拿回去父亲也不会满意的。我不回去，父亲说过，找不到绝世珍宝就不能回家，我要继续去更远更险的山中探寻，我一定要找到绝世美玉。"哥哥带着自己的那些东西回到了家中。父亲说："你可以开一个玉石馆或一个奇石馆，那些玉石稍一加工，都是稀世之品，那些奇石也是一笔巨大的财富。"短短几年，哥哥的玉石馆已经享誉八方，他寻找的玉石中，有一块经过加工成为不可多得的美玉，被国王御用为传国玉玺，哥哥因此也成了倾城之富。在哥哥回来的时候，父亲听了他介绍弟弟探宝的经历后说："你弟弟不会回来了，他是一个不合格的探险家，他如果幸运，能中途所悟，明白至美是不存在的这个道理，是他的福气。如果他不能早悟，便只能以付出一生为代价了。"

很多年以后，父亲的生命已经奄奄一息。哥哥对父亲说要派人去寻找弟弟。父亲说："不必去找，如果经过了这么长的时间和挫折都不能顿悟，这样的人即便回来又能做成什么事情呢？"

世间没有纯美的玉，没有完美的人，没有绝对的事物，为追求这种东西而耗费生命的人，是多么得不值！人也是如此，智者再优秀也有缺点，愚者再愚蠢也有优点。对人多做正面评估，不以放大镜去看缺点，生活中对己宽、对人严的做法，必遭别人唾弃。避免以完美主义的眼光，去观察每一个人，以宽容之心包容其缺点。责难之心少有，宽容之心多些。没有遗憾的过去无法链接人生。对于每个人来讲，不完美是客观存在的，无须苛求，怨天尤人。

苛求完美，生活会和你过不去

"金无足赤，人无完人。"即使是全世界最出色的足球选手，10 次传球，也有 4 次失误；最棒的股票投资专家，也有马失前蹄的时候。我们每个人都不是完人，都有可能存在这样或那样的过失，谁能保证自己的一生不犯错误呢？也许只是程度不同罢了。如果你不断追求完美，对自己做错或没有达到完美标准的事深深自责，那么一辈子都会背着罪恶感生活。

过分苛求完美的人常常伴随着莫大的焦虑、沮丧和压抑。事情刚开始，他们就担心失败，生怕干得不够漂亮而不安，这就妨碍了他们全力以赴地去取得成功。而一旦遭遇失败，他们就会异常灰心，想尽快从失败的境遇中逃离。他们没有从失败中获取任何教训，而只是想方设法让自己避免尴尬的场面。

很显然，背负着如此沉重的精神包袱，不用说在事业上谋求成功，在自尊心、家庭问题、人际关系等方面，也不可能取得满意的效果。他们抱着一种不正确和不合逻辑的态度对待生活和工作，他们永远无法让自己感到满足。

张爱玲在她的小说《红玫瑰与白玫瑰》中写了男主角佟振保的爱恋，同时也一针见血地道破了男人的心理以及完美之梦的破灭：白玫瑰有如圣洁的恋人，红玫瑰则是热烈的情人。娶了白玫瑰，久而久之，变成了胸口的一粒白米饭，而红玫瑰则有如胸口的痣痣；娶了红玫瑰，年复一年，则变成蚊帐上的一抹蚊子血，而白玫瑰则仿佛是床前明月光。

事实上，世界上根本就没有真正的"最大、最美"，人们要学会不对自己、他人苛求完美，对自己宽容一些，否则会浪费掉许许多多的时间和精力，最终只能在光阴蹉跎中悔恨。

　　世界并不完美，人生当有不足。对于每个人来讲，不完美的生活是客观存在的，无须怨天尤人。不要再继续偏执了，给自己的心留一条退路，不要因为不完美而恨自己，不要因为自己的一时之错而埋怨自己。看看身边的朋友，他们没有一个是十全十美的。

　　完美往往只会成为人生的负担，人绷紧了完美的弦，它却可能发不出优美的声音来。那些爱自己、宽容自己的人，才是生活的智者。

完美只是海市蜃楼的幻想

　　在佛教的《百喻经》中，有这样一则可笑而发人深省的故事。

　　有一位先生娶了一个体态婀娜、面貌娟秀的太太，俩人恩恩爱爱，是人人称美的神仙美眷。这个太太眉清目秀，性情温和，美中不足的是长了个酒渣鼻子，好像失职的艺术家，对于一件原本足以称傲于世间的艺术精品，少雕刻了几刀，显得非常的突兀怪异。

　　这位先生对于太太的鼻子终日耿耿于怀。一日出外去经商，行经贩卖奴隶的市场，宽阔的广场上，四周人声沸腾，争相吆喝出价，抢购奴隶。广场中央站了一个身材单薄、瘦小清癯的女孩子，正以一双汪汪的泪眼，怯生生地环顾着这群如狼似虎、决定她一生命运的大男人。

　　这位先生仔细端详女孩子的容貌，突然间，他被深深地吸引住了。好极了！这个女孩子的脸上长着一个端端正正的鼻子，不计一切，买下她！

　　这位先生以高价买下了长着端正鼻子的女孩子，兴高采烈，带着女孩子日夜兼程赶回家门，想给心爱的妻子一个惊喜。到了家中，把女孩子安顿好之后，他用刀子割下女孩子漂亮的鼻子，拿着血淋淋而温热的鼻子，大声疾呼：

"太太！快出来哟！看我给你买回来最宝贵的礼物！"

"什么样贵重的礼物，让你如此大呼小叫的？"太太狐疑不解地应声走出来。

"你看！我为你买了个端正美丽的鼻子，你戴上看看。"

这位先生说完，突然抽出怀中锋锐的利刃，一刀朝太太的酒渣鼻子砍去。霎时太太的鼻梁血流如注，酒渣鼻子掉落在地上，他赶忙用双手把端正的鼻子嵌贴在伤口处。但是无论他如何的努力，那个漂亮的鼻子始终无法黏在妻子的鼻梁上。

可怜的妻子，既得不到丈夫苦心买回来的端正而美丽的鼻子，又失掉了自己那虽然丑陋但是货真价实的酒渣鼻子，并且还受到无端的刀刃创痛。而那位糊涂丈夫的愚昧无知，更叫人可怜！

这个行为虽然让人觉得有些可笑，但是人们追求完美的心理，却与文中那个手拿利刀的丈夫如出一辙。有些人以为自己追求完美的心理是积极向上的表现，其实他们才是最可怜的人，因为他们是在追求不完美中的完美，而这种完美，根本不存在。也就是说他们所有的追求如海市蜃楼，只是一个幻影而已。

俗话说："人无完人，金无足赤。"人生确实有许多不完美之处，每个人都会有这样那样的缺憾，真正完美的人是不存在的，即使是中国古代的四大美女，也有各自的不足之处。历史记载，西施的脚大，王昭君双肩仄削，貂蝉的耳垂太小，杨贵妃还患有狐臭。道理虽然浅显，可当我们真正面对自己的缺陷，生活中不尽如人意之处时，却又总感到懊恼、烦躁。

绝对的光明如同完全的黑暗

人人都热爱光明，但绝对的光明是不存在的。如果真出现了绝对的光明，那也就无所谓光明与黑暗了，人们将如同在绝对的黑暗中一样。因此，万事都有缺陷，没有一个是圆满的。人世间做人做事之难，也在于任何事都很少有真正的圆满。但正是有这种不完满的存在，我们才有了丰富多彩的人生。

我们可以这样说，人生的剧本不可能完美，但是可以完整。当你感到了缺憾，你就体验到了人生五味，你便拥有了完整人生——从缺憾中领略完美的人生。

人生在世，起初谁都希望圆满：读书能上自己理想的学校，念自己喜欢的专业，做自己擅长的工作，娶（嫁）自己中意的人……然而，我们绝大多数人经历的也许是这样的生活：上了一个还不错的学校，学了一个不算讨厌的专业，干了一份糊口的工作，和一位还说得过去的人相伴一生。与原来的设定难免会有巨大的悬殊，无论是王侯将相还是凡夫俗子，所有人的人生都会有遗憾，都不会圆满。完美永远只存在于我们的想象中，它是我们的愿望，但却不可实现。

有时候，一时的丰功伟绩，从历史的角度看，却恰恰相反。乾陵有一块"无字碑"，也称丰碑，是为女皇武则天立的一块巨大的无字石碑。据说，"无字碑"是按武则天本人的临终遗言而立的，其意无非是功过是非由后人评说。武则天辉煌一时，临终前在经历了被逼退位之后，便预见到她身后将面临的无休止的荣辱毁誉的风风雨雨。所以做人做事，不管成功也好，失败也好，不管成功与失败，做到没有后患的，只有最高智慧的人才能够做到，普通人不容易做到，这就是人生在世的最高处。

世上难有真正的圆满，不妨换个角度来看一时的缺陷与失落。台湾作家刘墉先生写过这样一则故事：

他有一个朋友，单身半辈子，快50岁了，突然结了婚，新娘跟他的年龄差不多，徐娘半老，风韵犹存。只是知道的朋友都窃窃私语："那女人以前是个演员，嫁了两任丈夫都离了婚，现在不红了，由他拾了个剩货。"话不知道是不是传到了他朋友耳里！

有一天，朋友跟刘墉出去，一边开车，一边笑道："我这个人，年轻的时候就盼着开奔驰车，没钱买不起，现在呀！还是买不起，只好买辆二手车。"他开的确实是辆老车，刘墉左右看着说："二手？看来很好哇！马力也足。"

"是啊！"朋友大笑了起来，"旧车有什么不好？就好像我太太，前面嫁了个四川人，后来又嫁了个上海人，还在演艺圈二十多年，大大小小的场面见多了，现在，老了，收了心，没了以前的娇气、浮华气，却做得一手四川菜、上海菜，又懂得布置家。讲句实在话，她真正最完美的时候，反而被我遇上了。"

"你说得真有理，"刘墉说，"别人不说，我真看不出来，她竟然是当年的那位艳星。""是啊！"他拍着方向盘，"其实想想自己，我又完美吗？我还不是千疮百孔，有过许多往事、许多荒唐？正因为我们都走过了这些，所以两个人都成熟，都知道让，都知道忍，这种'不完美'正是一种'完美'啊！……"

"不完美"正是一种"完美"！我们老了，都锈了，都千疮百孔，总隔一阵子就去看医生，来修补我们残破的身躯，我们又何必要求自己拥有的人、事、物，都完美无瑕、没有缺点呢？

我们每一个人的生命，都被上苍划了一个缺口，虽然你不想要这个缺口，但是这个缺口却如影随形地跟着你。人生就像是一个残缺不全的圆，没有一个人的生活是圆满的，也许正是因为认识到了每个生命都有欠缺，所以我们的人生才因此而更加美丽。正如美神维纳斯的断臂，她的存在和闻名世界不能不说是一个意外。创作者的最初的意图显然是要塑造一个完美的塑像，哪个雕塑家会去追求一件残缺的艺术品来证明自己？然而，维纳斯的断臂则恰恰证明了残缺的美才是真正的完美。

人生如远行，走哪一条路都意味着放弃另一条路。不同的人生道路留下不同的缺憾，诸葛亮有诸葛亮的缺憾，贾宝玉有贾宝玉的缺憾。犹如夜幕里蕴藏着光明，缺憾之中不仅埋藏着逝去的青春和曾经的梦想，缺憾的背后还隐伏着许多生命的契机。

缺憾人生，使人类有了理想。理想，是一种可望而不可即的东西。或者说，就它的不能实现性而言才是理想。人生有缺憾，我们才有追求完美的理想和热情，也只有接受人生的缺憾，我们才能真正理解和追求完美人生。

每个人在人生的旅途中，都会经历许多不尽如人意之事。偶然的失落与命运的错失本来是具有悲剧色彩的，但是因为命运之手的指点，结局反而会更加圆满。如果懂得了圆满的相对性，对生命的波折、对情爱的变迁，也就能云淡风轻处之泰然了。

人活一世，每个人都在争取一个完满的人生。然而，自古及今，海内海外，一个百分之百完满的人生是没有的，其实，不完满才是人生。正如西方谚语所说："你要永远快乐，只有向痛苦里去找。"你要想完美，也只有向缺憾中去寻找。所以得失荣辱我们大可不必放在心上，有了痛苦我们才会珍惜快乐的时光，有了不算完满的人生才称得上完美。

人生原来就是不圆满的，能够认识到这一点，我们便不会去苛求我们的人生，也不会去苛求他人。只有一个懂得接受的人才会更懂得去珍惜。

一个成熟者不会强迫自己做"完人"

莎士比亚说："聪明的人永远不会坐在那里为他们的损失而悲伤，却会很高兴地去找出办法来弥补他们的创伤。"

如果你做了还感到不好，改了还感到不快，考了99分还嫌不是100分，刻意追求完美，这样定会"累"，这种情况必须要改善。

请瞧瞧你手中的"红富士"，它们并不处处圆润，却甘甜润喉，再近一点儿看看牡丹，它上面也可能有一两个虫眼却贵气十足，令百花折服。花无完美，果无完美，何况人生！

思想成熟的人不会强迫自己做"完人"，他们允许自己犯错误，并且能采取适度的方式正确地对待自己的错误。

在这个世界上，谁都难免犯错误，即使是四条腿的大象，也有摔跤的时候。"人要不犯错误，除非他什么事也不做，而这恰好是他最基本的错误"。

反省是一种美德。不反省不会知道自己的缺点和过失，不悔悟就无从改进。

但是，这种因悔悟而责备自己的行为应该适可而止。在你已经知错、决定下次不再犯的时候，就是停止后悔的最好的时候，然后，你就应该摆脱这悔恨的纠缠，使自己有心情去做别的事。如果悔恨的心情一直无法摆脱，而你一直苛责自己，懊恼不止，那就是一种病态，或可能形成一种病态了。

你不能让病态的心情持续。你必须了解病态，一旦精神遭受太多折磨，有发生异状的可能，那就严重了。

所以，当你知道悔恨与自责过分的时候，要相信自己能够控制自己，告诉自己"赶快停止对自己的苛责，因为这是一种病态"。为避免病态具体化而加深，要尽量使自己摆脱它的困扰。这种自我控制的力量是否能够发挥，决定一个人的精神是否健全。

人人都可能做错事，做了错事而不知悔改，那是不对的；知道悔改，即为好人。所谓放下屠刀，立地成佛，过去的既已无可挽回，那么只有以后坚决行善才可以补偿。每个人都有缺点，这是为什么我们要受教育。教育使我们有能力认识自己的缺点并加以改正，这就是进步。但在知道随时发现自己的缺点并随时改正之外，更要注意建立自己的自信，尊重自己的自尊。

有人一旦犯了错误，就觉得自己样样不如人，由自责产生自卑，由于自卑而更容易受到打击。经不起小小的过失，受到了外界一点点轻侮或为任何一件小事，都会痛苦不已。

一个人缺少了自信，就容易对周围环境产生怀疑与戒备，所谓："天下本无事，庸人自扰之。"

面对这种"无事自扰"的心境，最好的方法是努力进修，勤于做事，使自己因有进步而增加自信，因工作有成绩而增加对前途的希望，不再向后做无益的回顾。

进德与修业，都能建立一个人的自信心和荣誉感。对自己偶尔的小错误、小疏忽，不要过分苛责。

自尊心人人都有，但没有自信做基础，就会使人变为偏激狂傲或神经过敏，以致对环境产生敌视与不合作的态度。要满足自尊心，只有多充实自己，使自己减少"不如人"的可能性，而增加对自己的信心。

做好人的愿望当然值得鼓励，但不必"好"到一切迁就别人，凡事委屈自己，更不能希望自己好到没有一丝缺点，而且发现缺点就拼命"修理"自己。一个健全的好人应该是该做就做，想说就说，一切要求合情合理之外，如果自己偶有过失，也能潇洒地承认："这次错了，下次改过就是。"不必把一个污点放大为全身的不是。

微笑着才发现沿途开满花朵

汪国真有诗云："我微笑着走向生活／无论生活以什么方式回敬我／报我以平坦吗／我是一条欢快奔流的小河／报我以崎岖吗／我是一座大山挺峻巍峨……"谁能说人生没有遗憾、没有失落，失落中伴随着忧郁，阳光照不到你的生活；只有微笑着走向生活，才发现原来沿途开满了花朵。

体会了没有脚的痛楚，才明白为没有鞋子而哭泣是多么浅薄；经历了归途的风雨坎坷，蓦然回首，才发现来时的路却是怎样美丽的一种风景。

没有人能够完全把握前路的东西，但却也没有理由不微笑走向生活……

古语云："甘瓜苦蒂，物不全美。"从理念上讲，人们大都承认"金无足赤，人无完人"。正如世界上没有十全十美的东西一样，也不存在什么精灵通神的完人。但在认识自我、看待别人这一具体问题上，许多人仍然习惯于追求完美，求全责备，对自己要求样样都是，对别人也往往是全面衡量。

任何人总是有优点和缺点两个方面。俗话说"寸有所长，尺有所短""十个手指不一般齐"。长处再多的人，也不免有所短；缺点再多的人，也必定有所长。

美国大发明家爱迪生，有一千多项发明，被誉为"发明大王"。但他在晚年，却固执地反对交流输电，一味地主张直流输电；电影艺术大师卓别林创造了深刻而生活的喜剧艺术形象，但他却极力反对有声电影；创立了《相对论》的20世纪最伟大的科学家爱因斯坦，他的智慧带来了科学思想的革命，却不能处理好自己的家庭关系……奥地利圆舞曲之王约翰·施特劳斯逝世100周年之际，一本新出版的传记以几百封从未曝光的书信为依据指出，这位创作了《蓝色多瑙河》等许多著名圆舞曲的施特劳斯，其实动作笨拙，不会跳舞。他还害怕阳光，非常胆小，也害怕黑暗，不敢独处，没有半点儿幽默感。真正的施特劳斯与众人想象中的活泼形象完全不同。

这些事实说明，大师、著名人物也都不是完人、超人，也不可能十全十美。他们的缺点和失误比之于他们给予人类的贡献，当然是次要的。但通过这些事实，我们应当明白，人无完人，人生必有缺憾，才是真实的，正常的。

维纳斯塑像的断臂，引得众多的学者、文人、工匠进行思考、论证、试验，想对她的断臂进行重新"安装"。可是，种种假设和计划均告失败。于是，围绕在维纳斯身上的神秘感越来越浓。作为爱神，断臂的维纳斯似乎更受人们的喜爱，也更能引起人们作种种的猜想和遐思。由此可见，并不完美的缺憾之处从某种意义上看不也是一种美吗？

所以，当缺憾也成为一种美的时候，面对生活中仅有的一些不顺利，你除了恬淡接受，泰然处之，还有什么其他的选择吗？

包容不完美，才有完美的心境

真正幸福的人生，难以圆满。"喜欢月圆的明亮，就要接受它有黑暗与不圆满的时候；喜欢水果的甜美，也要容许它通过苦涩成长的过程"，人生总是"一半一半"，在人生的乐、成、得、生中，包容不完美，才是真正完整的幸福。

"岂无平生志，拘牵不自由。一朝归渭上，泛如不系舟。"白居易曾在《适意》中这样表达过自己对自由生命的向往之情。自古以来，失意的文人墨客常常寄情于山水之间，希望能在游玩嬉戏的清逸洒脱中陶冶性情，驱除烦恼。闲来寄情山水，春鸟林间，秋蝉叶底，淙淙流水过竹林；四山如屏，烟霞无重数，荒径飞花桥自横。这般景象之中，也有叶的坠落，花的凋零，但置身其中却能拥有完美的心境。

很多人都执着于追求完美的人生，凡事要求完美固然很好，以示精益求精，更上一层楼，但星云大师却不断地给世人以警醒：有的人因小小的缺陷而全盘否定人生的意义，有的人因为小小的遗憾而将手中的幸福全部放弃，这样追求完美，有时反而因噎废食，太过的吹毛求疵，不管于自己还是于他人，都是一种不必要的辛苦。

人生，永远都是缺憾的。佛学里把这个世界叫作"婆娑世界"，翻译过来便是能容忍许多缺陷的世界。这个世界本来就是有缺憾的，如果没有缺憾就不能称其为"人世间"。在这个缺憾的世间，便有了缺憾的人生。因此苏东坡词曰："月有阴晴圆缺，人有悲欢离合，此事古难全……"这是人生的实相所在。

人生实相，就如一只飘摇的生命之舟，无所牵系，却有各种承载。小船向前行进的时候，苦与乐、爱与恨、善与恶、得与失、成功与失败、聪明与愚钝……纷纷从两侧上船，它们都是生命的必然伴侣。

如此看来，生命是有缺陷的，我们不能只接受幸福的垂青，却把不和谐的因素完全屏蔽。

面对人生缺憾，星云大师主张该留有余地，他认为尽善尽美并不是绝对好，这与清人李密庵主张所谓"半"的人生哲学一样，都在告诫世人不要过度追求圆满。

"我走过阳关大道，也走过独木小桥。路旁有深山大泽，也有平坡宜人；有杏花春雨，也有塞北秋风；有山重水复，也有柳暗花明；有迷途知返，也有绝处逢生。"这是已逝的国学大师季羡林对自己人生的总结，他坦承自己的人生并不完美，但正是这种不圆满才是真正的人生。

在每个人心里都有追求完美的冲动，当他对现实世界的残酷体会得越深时，对完美的追求就会越强烈。这种强烈的追求会使人充满理想，但追求一旦破灭，也会使人充满绝望。这个世界上没有任何一种事物是十全十美的，或多或少总有瑕疵，我们只能尽最大的努力使之更加美好，却永远不可能做到完美。所以，一个智者应该明白这个道理：凡事切勿苛求，与其追求那如镜花水月一般不可触及的完美，不如勤恳务实，才会活得更加快乐。

其实，人生也正是因为有所缺失才会有所获得，就如同一个残缺的木桶，虽然每次担水回家之后你都无法获得一整桶的水，但是某一天，当你再次从这条路上经过时，也许会发现路旁各色的小花，嗅到淡淡的花香。一天、一月、一年，从残缺的木桶中滴落的泉水浇灌了路旁的草籽花粒，它们便在这残缺的遗憾中破土而出，带给人美丽的惊喜。

第十三章

上善若水，水善利万物而不争

避免无谓的争论

放弃争辩，因为那样会让他人避而远之，甚至让自己到处树敌。天底下只有一种能在争论中获胜的方式，那就是避免争论。十之八九争论的结果会使双方比以前更相信自己绝对正确。争论是没有赢家的。要是输了，当然就输了；即使赢了，实际上还是输了。如果争论者的胜利，建立在使对方的论点被攻击得千疮百孔的基础上，证明他一无是处，那又怎么样？争论者会觉得洋洋自得，但对方呢？争论者伤了他的自尊，他会自惭形秽，他会怨恨争论者的胜利，而且会得到"一个人即使口服，但心里并不服"的结果。正如明智的本杰明·富兰克林所说的："如果你老是抬扛、反驳，也许偶尔能获胜，但那只是空洞的胜利，因为你永远得不到对方的好感。"

因此，要衡量一下，宁愿要一种字面上的、表面上的胜利，还是要别人的好感和自己内心的平静？

巴特尔与一位政府稽查员因为一项1万元的账单引发的问题争辩了一个小时之久。巴特尔声称这笔1万元的款项确实是一笔死账，永远收不回来，当然不应该纳税。"死账？胡说！"稽查员反对说，"那也必须纳税。"

看着稽查员冷淡、傲慢而且固执的神态，巴特尔意识到争辩得越久、越激烈，这位稽查员可能越顽固，他决定避免争论，改变话题，给他一些赞赏。

于是，巴特尔真诚地对这个稽查员说："我想这件事情与您必须做出的决定相比，应该算是一件很小的事情。我也曾经研究过税收的问题，但我只是从书本中得到的知识，而您是从工作经验中得到的。我有时愿意从事像您这样的工作，这种工作可以教会我很多书本上学不到的东西。"

听完巴特尔的话，那个稽查员从椅子上挺起身来，讲了很多关于他工作的话，以及他所发现的巧妙舞弊的方法。他的声调渐渐地变为友善，片刻之后他又讲起他的孩子来。当他走的时候，他告诉巴特尔要再考虑那个问题，在几天之内给他答复。3 天之后，他到巴特尔的办公室里告诉他，他已经决定按照所填报的税目办理。

事实上，争辩的目的是为了分清是非，寻求真理。所以，只要我们不怕吃亏，不做无益的争论，而是采取积极的态度，使用积极、文明、恰当的语言去与人探讨，就一定会取得意想不到的成效。巴特尔就用自己的经历证明了这一点。

为了说服对方，改变他的意见及行为，我们需要冷静地把事实指示给他看，与他从容地交谈。当我们与某人议论时，必须注意到一件事，那就是，在展开争论时切勿冲动地大嚷，或采取激烈的态度。针对这个问题，美国耶鲁大学的两位教授进行了一项实验。

这两位教授耗费了 7 年时间，调查了种种争论的实态。例如，店员之间的争执，夫妇间的吵架，售货员与顾客间的斗嘴等，甚至还调查了联合国的讨论会。

结果，他俩证明凡是去攻击对方的人，都无法在争论方面获胜。相反，能够在尊重对方的人格方面动脑筋的人，则往往能够改变对方的想法。从这项实验中，我们不难获知：人们都有保护自己、避免被他人攻击的强烈冲动。当我们对他人说，"哪有那种荒谬透顶之事"或者"你的思想有问题"时，对方为了保全自己的面子，以及守住自己的立场，定会紧紧地闭起他的心扉。因而，与人展开议论之时，以冷静的态度应对为妙。

不斗气，不生气

世上有两种人，一种是开口便笑的人，一种是牢骚满腹的人；同样的一件事，有人埋头做事，有人破口大骂。埋头做事的并不一定是傻子，破口大骂的也不见得是聪明人，但是前者一定很快乐，后者则容易生气。一个让自己快乐工作的人，一定能将工作做好，这也是成功的前提。在我们斗气的时候，何不学着把看问题的角度稍稍修正，将自己从心魔中解脱出来，站在另一个角度看问题。要懂得缩小自己的不满，才能看见问题的另一个方面。任何斗气都是无济于事的，应勇敢地面对现实，接受现实，以一颗平常心看待已然无法改变的现实。

小薛和小刘是大学时的校友，同系不同班，毕业的时候一同进了一家电脑公司。高科技公司的特征就是高薪高压加高竞争，两人不由自主地成了对手，两年多的时间里不知交锋过多少次。后来，小薛参加一个新程式的开发项目，并被提为主要负责人。

开发很顺利，接近尾声的时候却出了问题，一家同行竞争公司抢先推出了类似的项目成果。开发顿时失去意义，项目立刻被停止。经公司主管研究发现，该推出软件是在本公司研究的核心程序基础上做出的，作为主要负责人的小薛受到技术泄露的牵连不可避免地被降了职。直到半年后小刘辞职跳槽到了那家公司，小薛才知道原来一切都是因为小刘嫉妒她过于锋芒毕露认为她抢了自己的发展机会而暗中使的坏，而正是自己的信任和疏忽，无意中让小刘看到了自己所编的程序。知道了真相的小薛无法咽下这口恶气，于是也跳槽到了那家公司，处处与小刘对着干。结果是两败俱伤，那家公司的经理厌烦了两个人的明争暗斗，最终将他们都辞掉了。

　　生活中有些挫折可能是别人无意中附加给我们的，有些可能来自和我们敌对的一方，来自于那些准备冷眼旁观我们身陷窘境如何自处的对手。这就需要我们充分利用自己的智慧，低调处之，不和他人斗气，才能保持清醒的头脑。

　　其实人与人之间，你对我不好，我也就对你不好。这样以恶制恶、以怨制恨、互相伤害，只能加深和激化矛盾、产生怨恨，丝毫解决不了根本问题。要知道，一个人与其意见相左的敌人越多，他的人际交往也就越失败，事业就越难以发展。多一个朋友多一条路，与其与人为敌，不如化敌为友，这样人生之路才会越走越宽，越走越顺。因此遇到矛盾时不管对方是对还是错，自己首先忍让一步，后退一步，心平心和地把问题说清楚。在善心善语面前，相信再不讲理的人也不好意思变本加厉，再大的矛盾都会化干戈为玉帛。

　　所以，面对他人的过错，能够做到不斗气、不生气的人，才是生活的智者。

放下名利之争是明智之举

功名利禄只是役心之物，不可强求。《红楼梦》中空空道人有首《好了歌》写得很好，其中有："世人都晓神仙好，唯有功名忘不了，古来将相在何方，一堆荒冢草没了。世人都晓神仙好，唯有金银忘不了，生前只恨聚无多，待到多时眼闭了。"这两句写得甚是精辟，将功名利禄一语道破——饿了它不能充饥，冷了它不能御寒，它只会助长内心的欲望，吞噬人纯洁的性情。多少人因为它，迷失自我，到头来身败名裂；多少人因为它，丧心病狂，最终落个"人见人弃"。倒不如留得一份悠闲，任心灵在思想的河流里随意去留。

从前有一个渔翁在梦中见到了智者。

智者问道："你想和我交谈吗？"

渔翁说："我很想和你交谈，你觉得人类最烦恼的是什么？"

智者答道："他们为名利而活，又为名利而烦。他们牺牲自己的健康来换取金钱，然后又牺牲金钱来恢复健康。他们对未来充满忧虑，但却忘记了现在；于是，他们既不生活于现在之中，也不生活于未来之中。他们活着的时候好像从不会死去，但是死去以后又好像从未活过……"

渔翁问道：作为智者，您有什么生活经验想要告诉现在的人？"

智者笑着回答道："金钱名利乃身外之物，要想活得轻松，就别将名利计心头。人们应该知道，一生中最有价值的不是拥有别的东西，而是拥有健康的心态；人们应该知道，与他人攀比是不好的；人们应该知道，富有的人并不是拥有最多，而是需要最少；人们应该知道，要在所爱的人身上造成创伤只要几秒钟，但是治疗创伤则要花几年的时间，甚至更长；人们应该知道，有些人在深深地爱着他们，但却不知道如何表达自己的感情；人们应该知道，金钱可以买到任何东西，但却买不到幸福；人们应该知道，两个人看同一件事物，会看出不同的东西；人们应该知道，得到别人的宽恕是不够的，他们也应当宽恕自己。造物主在把那么多美德赋予了人类的同时，也把追逐名利的欲望同时嵌入了人类的身体。于是这些固有的心病便成了桎梏与羁绊，成了悬崖与深渊，它们将许许多多的人挡在了幸福的大门之外。"

事实上，除了名利之外，还有许多东西都能够让人实现自我价值，能够让人获得满足，而为了名利而活也不是一种珍惜人生、享受生命的态度。人的一生转瞬来去，我们何不妨任性一下，去做自己想做的事情、去过自己想过的生活，做个淡泊名利、宠辱不惊、从容不迫的人。

盲目攀比，摔伤的是自己

幸福是一种感觉，它不取决于人们的生活状态，而取决于人们的心态。懂得感知幸福的人不盯着别人看，而是珍惜自己所拥有的；不懂得感知幸福的人，总是抱怨自己没有别人拥有得多。幸福与不幸只是人的一念之差：可能家财万贯的人也会不快乐，可能街头流浪的乞丐却常常感觉到快乐。

真正幸福的人无论住什么样的房子都很满足、都一样开心，绝不会整天抱怨房子没有别人的大，没有别人的好。懂得感恩和知足，生活才会赐予我们无限灿烂的阳光；而一味攀比的人，只会亲手毁掉自己的幸福生活。盲目地向上攀登，到最后，摔得粉身碎骨的只有自己。

上帝在天庭里闲得无聊，突然想到了一个好玩的主意："如果让世界上的万物再选择一次，他们想要做什么呢？"于是，他让天使去办这件事情，而天使最后带回来的答案确实让上帝大吃一惊。

猫说："如果让它再活一次，它要做一只老鼠。它认为自己偷吃主人一条鱼，会被主人打个半死，而老鼠却可以在厨房翻箱倒柜，大吃大喝，人们对它却无可奈何。"

老鼠说："假如让它再活一次，它要做一只猫。吃皇粮，拿官饷，从生到死由主人供养，时不时还有老鼠给它送鱼送虾，很自在。"

猪说："假如让它再活一次，它要当一头牛，生活虽然苦点儿，但名声好。而它们似乎是傻瓜懒蛋的象征，连骂人都要说蠢猪。"

牛说："假如让它再活一次，它愿做一头猪。它认为自己吃的是草，挤的是奶，干的是力气活，有谁给它评过功、发过奖？做猪多快活，吃罢睡，睡罢吃，肥头大耳，快乐赛过神仙。"

鹰说："假如让它再活一次，它愿做一只鸡，渴有水，饿有米，住有房，还受主人保护。而它们一年四季漂泊在外，风吹雨淋，还要时时提防冷枪暗箭，活得太累。"

鸡说："假如让它再活一次，它愿做一只鹰，可以翱翔天空，任意捕兔捉鸡。而它们除了生蛋、司晨外，每天还胆战心惊，怕被捉被宰，惶惶不可终日。"

男人说："假如让他再活一次，他要做一个女人，可以撒娇邀宠，可以做公主，可以当妃子，可以当太太……最重要的是可以支配男人，让所有男人都拜倒在自己的石榴裙下。"

不少女人都说："假如让她再活一次，一定要做个男人，可以蛮横、可以冒险、可以当皇帝、可以当王子、可以当老爷、可以当父亲……最重要的是可以驱使女人。"

上帝看完，大失所望："这些家伙只知道盲目攀比，太不知足了，哎，还是一切照旧吧。"

现实生活中，许多人都习惯于把自己和别人相比，殊不知，在你拿自己的短处与别人的长处相比时，别人也在羡慕你的长处。其实，人应该学会知足，知足才是幸福和快乐的源泉。

圣人之道，为而不争

人们为了实现各种人生目的，无不承受着巨大的心理压力，有的是为了最基本的生存，有的是为了获取高额的利润，有的是为了争取一定的社会地位和名誉，有的是为了权力等等。为了一己私利，有些人常不择手段，相互争斗，结果酿出了不少悲剧。在一个充满竞争的社会中，人们看重结果而忽略过程，以成败论英雄，尤其是渴望成为强者的人，害怕失败。一些人做事过分强求，不从自己的实际出发，一味追求成功，总是强求硬干、强作妄为，结果身心俱疲。

从历史上许多事实来看，极力求功名的人，难以得到功名；极力求富贵的人，难以得到富贵。如不重视名声反而能得到名声，不重视利益反而能得到利益，不企求富贵反而能得到富贵，这就是适得其反的道理。因此，经常要从反面去看待问题、去做事，或者安静等待，机会到来了，就朝所希望的方面去努力，要懂得"不用之用""不为之为""不争之争""不胜之胜"的方法。如此，天下就没有可争之功、可争之名了。如果能参透这些，也就懂得了极为精微、高深的终极奥义，不会再被蝇头小利所扰，称为"圣人"也不为过了。

一次樊迟向孔子请教如何种田，孔子说："吾不如老农。"

樊迟又问如何种菜，孔子答曰："吾不如老圃。"照理来说，孔子虽不是专家，但多少还是有些农业知识的，但他却宁愿承认自己不如老农、老圃，因为他在种田、种菜方面无所为，因而对这方面的无所知也就无所谓了。

孟子曰："思不出其位。"每个人的社会分工不同，在我们职权之外的事情，我们获得的信息少，所掌握的知识也有限，如果我们不在其位而谋其政，不但会引起别人的不快，甚至可能会影响我们处理自己职权之内事情的效果，并且也不利于我们个人的发展。老子说："以其不争，故天下莫能与之争。""不争"乎？"争"也。静坐无所为，春来草自青。

才能出众的人不一定居于显耀的地方，德行好也不一定自求名声。抛去权势、放弃功名，也许会到达别人不能到达的境界，如此以无为而达到无所不为，还有何求？做人若明白了这个道理，不就超越了吗？

其实，我们真的没有必要去争什么名、争什么利，只要我们尽力去做，自然就是你的，因为所有的成绩不是争来的，而是做出来的。

无所争未必无所得

人处于世间，如果从宇宙和历史的眼光来看待人生，会深感人之渺小，生命之短暂。以此而论，斗胜争强、求名夺利的意义何在？如此就会生活得更好吗？苏东坡说："西望夏口，东望武昌，山川相连，郁乎苍苍，此非孟德之困于周郎者乎？方其破荆州，下江陵，酾酒临江，横槊赋诗，固一世之雄也，而今安在哉！"天大的事，几十年过后再看，都是一个笑话，都已付于笑谈之中。

公元前283年，蔺相如完璧归赵之后，接着又在渑池会上巧妙地跟秦王争斗，维护了赵国的尊严。赵惠王见他功劳大，就提拔他做了上卿，地位在老将军廉颇之上。

这样一来，廉颇有意见了，他对人说："我为赵国立了不少战功，而蔺相如本来是一个出身低下的人，只靠说了几句话的功劳，职位竟然比我还高，这太没道理了。"并传言出去，"如果遇上蔺相如，一定要羞辱他一番。"

当这话传到蔺相如耳里后，他做出的举动却让很多人不解，他并没有与廉颇针锋相对，而是处处相让，尽量不与廉颇见面。

当早朝时，他就说有病，躺在家里不与廉颇争位次。有一次蔺相如乘车外出，碰巧遇上廉颇，就连忙让车夫驾车躲开他，蔺相如身边的人见到这种情形都想不通说："蔺相如大软弱、畏缩了，甚至有的门人为此感到羞愧，要离开他。"

蔺相如劝解门人时，说："你们想想看，秦王那样威严，我都敢在秦国的朝廷上当众斥责他，我之所以避让廉颇将军，并不是因为我惧怕他，我是在想，强暴的秦国之所以不敢侵犯赵国，只是因为我们的文臣武将们都能同心协力的缘故。我与廉颇将军好比是两只老虎，两虎相争，结果必然两败俱伤。我之所以采取忍让的态度，正是考虑到国家的安危啊。"

蔺相如的这些话不久也让廉颇知道了。老将军对自己的言行感到既悔恨又惭愧，于是，为了表示自己认错改过的诚意，毅然决定采取一种特殊的方式向蔺相如道歉。他用荆条捆着自己来到蔺相如家，向其请罪。一见蔺相如，老将军就恳切地说："我这个粗鲁的人，不知道您对我能如此的宽宏大量啊。"这样，蔺相如与廉颇成为了生死与共的朋友，通力合作，为赵国筑起了一道安全屏障。

可能有人会认为这个故事太老生常谈了。其实，这其中的道理很多人也都明白，但就是在现实生活中难以应用，其中的原因就是人们心中争求名利的欲望在作怪。两人德行不相上下，不分优劣，就以能够谦让的为优；争相突出自己，而又难分高下，就以用力多的为次。因此，蔺相如引车回避而比廉颇贤明。观察并能选择形势的反面，就是有德行的表现，就是有修养的人所说的"道"。因此，君子知道受屈可以成功，所以不加躲避；知道谦卑礼让可以成就美名，所以勤于修身自勉。如果人们都能懂得"无所争未必无所得"的道理，那么世间的许多事情都将变得容易多了。

争一步不如让一步

世界多姿多彩，每个人从呱呱落地起就是一个独立的个体，任何人都不能将自己的思想、行为强加于人，而人们又必须在同一片天际下生活，所以自然会有争端出现，人类要和谐共处就必须要学会谦让。放开胸襟，绽开笑脸，接纳天下事，心灵便比大地更厚重，比天空更广阔。

每个人都懂得"争一步不如让一步"的道理，但生活中却很难做到。

上初中的方杰放学后气冲冲地回到家里，进门后便使劲儿地把门关上。他的母亲正在厨房里干活，看到方杰生气的样子，就把他叫了过去，要和他聊聊。

方杰不情愿地走到母亲身边，气呼呼地说："妈妈，我现在非常生气，李强居然在背后说我的坏话。"方杰的母亲一边干活，一边听儿子诉说。方杰说："李强让我在朋友面前丢脸，我现在特别希望见到他的时候和他吵一架，希望他遇到倒霉的事情！"

母亲走到墙角，找到一袋木炭，对方杰说："儿子，你把前面挂在绳子上的那件白衬衫当作李强，把这个塑料袋里的木炭当作你想象中的倒霉事情。你用木炭去砸白衬衫，每砸中一块，就象征着李强遭到一件倒霉的事情。我们看看你把木炭砸完了以后会是什么样子。"

方杰觉得这个游戏很好玩，他举起木炭往衬衫上砸去。可是衬衫挂在很远的绳子上，他把木炭扔完了，也没有几块砸到衬衫上。

母亲问方杰："你现在觉得怎么样？"

"累死我了，但我很开心，因为我扔中了好几块木炭，白衬衫上有好几个炭印子了。"

母亲见儿子没有明白她的用意，于是让方杰去照照镜子。方杰在一面大镜子里看到自己满身都是黑的，从脸上只能看到牙齿是白的。

母亲这时才继续说道："你看，白衬衫并没有变得多脏，而你自己却成了一个'黑人'。你想让别人身上发生很多倒霉的事情，结果最倒霉的事却落到你自己身上了。有时候，我们的坏念头虽然在别人身上兑现了一部分，但也同样在我们身上留下了难以消除的污迹。"方杰这才明白了母亲的用意。

所以，退一步是为进十步，这种忍让，不是无条件的软弱可欺，更不可能是人格的丧失和自尊的抛弃。只有目光长远、胸怀宽广的人才能明白，忍让是一种虚怀若谷的雍容大度，是一种丰满圆润的心理状态，更是一种美德。

第十四章

低调退让，别把自己太当回事

看轻自己也是积极的人生观

在美国南北战争时期，北军格兰特将军和南军李将军率部交锋，经过了一场激战后，南军败的溃不成军，李将军也被送到爱浦麦特城受审，签订降约。

格兰特将军在这次胜利后，很谦恭地说："李将军是一位很值得我们敬佩的人物。他虽然战败了，但是他的态度仍旧是那么镇定。他仍旧是穿着全新的、完整的那套军服，腰间还佩着政府奖赐他的名贵宝剑，而我却远远比不上他呀。"

他说他能取得这次战争的胜利，都是因为偶然的机会造成的。他说："我们能够取得这次胜利是因为我们运气好，当时敌方军队在弗吉尼亚，几乎天天都遇到阴雨，害得他们不得不陷在泥泞中进行作战。然而，我们所到之处，几乎每天都是好天气，非常方便我们行军，我们就是因为幸运才取得胜利的。"

这些谦虚的话，要比自吹自擂好得多。

有不少居功自傲的人，最终还是落得身败名裂的下场，只有那些继承了谦虚美德的老实人才能"赢得生前身后名"，为人所津津乐道。

一个真正深通人际关系的人，是不会自我吹嘘、自我炫耀的，你所取得的成绩，别人比你看得更清楚。

一个人如果太把自己当回事就容易产生骄傲自满的心理，这种心理对于工作和学习都是一道障碍，这种人总爱凭着自己曾经取得的成绩就自我感觉良好，一副目中无人的样子，从而导致在工作中不思进取，丧失更多进步的机会，使荣誉不能连续保持。

别太过看重自己，偶尔出点状况也无妨。

如果总是把自己当成珍珠，那么就时时遇到被埋没的危险；如果不把自己太当回事，坦诚平淡地生活着，也没有人会把你看成是卑微、懦弱和无能。只有这样，才能不断地充实自己、完善自己，进而缔造一个完美人生。

谦虚是一种美德，也是一种修养。谦虚者可以包容别人、善待别人，学习和吸取别人有益的经验和知识，从而提高自己，避免浅薄无知。

把自己当回事的人不计其数，每个人都想极力表现自己，处处以自我为中心，毫不隐晦地彰显个性。有个性自然很好，但太过个性就会显得锋芒毕露，后果要么自惭形秽，要么就遭人反驳。因此，做人要懂得谦逊，别太把自己当回事，只有这样才能使我们的心理达到平衡的状态，才能得到健康的心灵。

做人应该保持一颗谦卑的心

有句格言说得好："谦受益，满招损。"这句格言极其形象地阐明了"谦虚"这一美德的意义，可以作为我们每一个人的座右铭。

有这样一则寓言：

从前有一只骄傲的蚊子，总认为自己无人能敌，每天唱着快乐的歌，在森林里飞来飞去。

有一天，蚊子在森林里遇到同样骄傲的狮子，它们都吹嘘说自己是世界上最伟大的动物，谁也不服输。狮子看着身材渺小的蚊子，又看看高大威武的自己，感到又好气又好笑，于是狮子说："如果不服气，咱们可以比试比试！"蚊子很痛快地答应了。

于是狮子与蚊子展开了一场奇怪的搏斗。狮子依仗自己身强力壮，丝毫不把蚊子放在眼里，于是连扑带咬，没想到小小的蚊子飞来飞去，四处躲闪。几个回合下来，狮子累得气喘吁吁，可丝毫没有伤着蚊子一根毫毛，反倒被蚊子抓住机会狠狠叮咬了几口。最后，狮子只好宣告认输。

蚊子得意极了，一边飞，一边吹着小喇叭，兴冲冲地向森林里所有动物宣布，它才是林中之王。可是没想到，当蚊子飞到两棵大树之间的时候，一不小心，一头撞在挂在树下的蜘蛛网上，被蜘蛛网粘住了。它越是挣扎，蛛网就粘得越紧。很快，蚊子就不能动弹了。

就在这时候，一只黑色的蜘蛛从大树那边爬了过来，一口就把蚊子吞到肚子里了。

这则寓言真是妙极了，世界上有多少人，正像那只蚊子一样妄自尊大，自不量力，为了一时的虚荣而盲目自信，自毁前程。

英国哲学家丁尼生曾经说过："真正的谦虚是最崇高的美德，是一切美德之母。"奥地利诗人里尔克在谈到著名雕塑家罗丹的时候，曾经说过一句名言："荣誉毕竟是一切误解的总和。"这句话恰如其分地指出了罗丹的人生信条：永不满足。

谦虚是进步的基石。世界上有虚怀若谷的求知者，却没有狂妄自大的成功者，可见骄傲和自满是事业成功的大敌。有人打了一个极为形象的比喻：求知的人就像是一个永远也装不满的容器，正因为有着许许多多的空缺，才促使他不断求知，不断奋斗，不断前进。古希腊被誉为"智者之尊"的苏格拉底曾经说过一句极为精辟的话，他说："我之所以有智慧，不是因为我更看中自己的长处，而是能够意识到自己的不足。"

有人说："现代社会里强调竞争与自我表现，谦虚已经过时，谦虚就是虚伪的代名词。"其实二者之间有着本质的区别，谦虚是指虚心、永不自满，并肯于接受别人的批评，而虚伪则是故意隐瞒事情的真相，为达到某种自私目的而采取的一种欺骗手段，即使是最微不足道的虚伪，与真正的谦虚也截然不同。

"谦虚使人进步，骄傲使人落后。"无论任何时候，谦虚都是一个人应当坚持的操守和应该遵循的美德，更是做人的根本。

隐于野的心境，入于市的淡泊，登于朝的气度

有人出了个题目给两位画家，题目是"安静"，让他们各画一张表达同一意思的画。

一人画了一个湖，湖面平静，好像一面镜子；

另外还画了些远山和湖边的花草，让它们倒映在水面，也看得清清楚楚。

另一人则画了一个急湍直泻的瀑布，旁边有一棵小树，树上有一根小枝，枝上有一个鸟巢，巢里有一只小鸟，但那只小鸟正在窝里睡觉。

这个画家是真正能了解安静的真义，前面一个所画的湖面，不过是一池死水罢了。

真正能静下心的人，不会像孤芳自赏的水仙，而是有隐于野的心境、入于世的淡泊、登于朝的气度，和光同尘，抬得起头、弯得下腰，于熙攘人群中享受内心的安宁。

大海因为能容，所以百纳其川。一个谦虚的人，勇于向人请教，无论是在学习、工作还是生活中，都能受益匪浅。同时，由于他的谦敬，自然容易获得他人的好感，增加自己学习、上进的机会，从而练就更多的才能，成就更加完美的人生。

孔子是至圣先师，我们这些凡夫俗子，当然是不能和他相比的。但孔子仍然能够秉持谦虚的态度，不耻下问，从而使自己的学识和修养，上升到了一个让人无法企及的高度，所以惟有谦虚才能受益。

谦虚的人，路越走越宽广，也会受到他人的尊重；而骄傲的人，则不易为别人所接纳，并且容易为自己树立敌人。

谦虚的人对待事物，有一种心平气和的神态。得意时淡然视之，失意时泰然处之。当真去留无意，宠辱不惊。谦虚是内心和谐、心胸开阔的表现，而不是表面狭隘、口是心非的伪善。

谦虚有时候会被看成是软弱。其实这种生活态度与其说是软弱，不如说是品尝过人世辛酸之后的一种成熟。反倒是那些夸夸其谈、肤浅轻薄、不以为然的人，才会对这个问题表现出一种无知张狂的强劲，一种内心虚浮的强硬。真正智慧的人，是属于谦虚谨慎的人。

谦虚不是没有立场的顺从，不是随声附和的讨好，不是优柔寡断的自卑；谦虚是海纳百川的浑厚，是虚怀若谷的博大，是为人处世的踏实沉稳，是对待工作的平静坦然。

谦虚对于健全的人格来说是不可缺少的。保持谦虚，能让我们正确处事，敢说真话，关心别人的利益；谦虚能促使我们更有自知之明，让我们更能以诚待人；谦虚的人知道自省，每当发现缺点和不足，便及时改正，从而完善自己的品行。

谦虚意味着识大体，顾全局，不以自己的利益为重，坚持真理，坚持做正确的事；谦虚意味着不吹嘘，不浮躁，不骄傲，不狂妄，不贬低别人抬高自己。

谦虚源自一种认识，即个人的生活只是整个社会的一部分。我们不可能与世隔绝而单独存在，凡事也不能按照自己的意愿去做，个人无法控制周围的环境和先天因素。谦虚能够帮助我们选择正确的方式去适应环境，从而使我们与环境完美结合。

做人要低调一些

真正有大智慧和大才华的人，必定是低调的人。

才华和智慧像悬在精神深处的皎洁明月，早已照彻了他们的心性。他们行走在尘世间，眼神是慈祥的，脸色是和蔼的，腰身是谦恭的，心底是平和的，灵魂是宁静的。正所谓，大智慧大智若愚，大才华朴实无华。

高声叫嚷的，是内心虚弱的人；招摇显摆的，是骄矜浅薄的人；上蹿下跳的，是奸邪阴险的人。他们急切地想掩饰什么，急迫地想夸耀什么，急躁地想篡取什么，于是，这个世界因他们而咋咋呼呼、纷纷扰扰、迷乱动荡、乌烟瘴气。

这些虚荣狂傲之辈、浅陋无知之徒，像风中止不住的幡，像水里摁不下的葫芦，他们是不容易沉静下来的。

低调的人，一辈子像喝茶，水是沸的、心是静的，一几、一壶、一人、一幽谷，浅斟慢品，任尘世浮华，似眼前不绝升腾的水雾，氤氲、缭绕、飘散。

有这样一个故事：

南美独立战争期间的一个冬天，在某兵营的一个工地上，一位班长正指挥几个士兵安装一根大梁："加油，孩子们！大梁已经动了，再使把劲儿，加油！"

这时，一个衣着朴素的军官路过这里，见班长这个架势便问他："你为什么不和大家一起动手呢？"

"先生，我是班长！"班长骄傲地回答。

"噢，你是班长……"军官说了一声，立即下马，和士兵一起干了起来。

大梁装好后，军官对班长说："班长先生，如果您还有什么同样的任务，并且需要人手的话，您尽管吩咐本司令好了，我会帮助您的士兵的。"

班长顿时愣住了。原来这位军官就是南美独立战争的著名领袖和统帅：西蒙·玻利瓦尔。

西蒙·玻利瓦尔崇尚的是一种低调人生。在人类的发展史上，类似西蒙·玻利瓦尔这样的事例真是不胜枚举。低调似乎是世界上很多名人硕士欣赏和采取的一种共同的人生态度。

低调，是因为他们高瞻远瞩高屋见瓴，胸襟开阔眼光辽远，清楚地知道山外有山天外有天；低调是因为他们涵养渊深思想成熟，悟事精深学识广博，明白地洞悉趾高气扬指手画脚并不能主宰世事浮沉。

低调不是虚假的谦虚，久之，虚假的谦虚会使人失去锋芒；低调不是刻意的沉默，久之，刻意的沉默会使人沦为麻木；低调不是伪装的谨慎，久之，伪装的谨慎会使人忸怩作态；低调不是板结的成熟，久之，板结的成熟会使人错过良机。

低调是一种精于世事的生存方式，精于世事的人才能接纳异己容蓄不同为己所用，给别人方便的同时也给了自己机会。

低调是一种扎实稳健的进取过程，扎实稳健的人才能进退自如八面来风无为而无不为，剔除了人生旅途的重重障碍，就是给自己邀来了胜利的缕缕曙光。

花要半开，酒要半醉

常言道："花要半开，酒要半醉"，因为鲜花盛开娇艳的时候，也就是衰败的开始；"形醉而神不醉"，"醉"只是迷惑对手的手段，人生也是这样，要学会装醉。

在电视剧《水浒传》中，武松醉打蒋门神的片断非常精彩：武松手握酒杯，仰脖而干，身子东倒西歪，步履轻飘虚浮，蒋门神于漫不经心之际，鼻梁突着一拳，尚未回过神来，眼额又遭一腿……当其终于醒悟这绝非是酒鬼的"歪打正着"之时，其身已受重创而无还手之力了。武松所用的"醉拳"，乃武术中一种高难度拳术，委实厉害之极。"醉拳"的厉害，在于一个"装醉"，表面上看来跌跌撞撞，踉踉跄跄，不堪一推，而其实呢，醉之中却杀机暗藏，就在你麻痹大意之时，却被"醉鬼"打趴在地。

所谓"花要半开，酒要半醉"就是这个道理。所以，那些自认为有才华的人，要做到不露锋芒，既有效地保护自己，又能充分发挥自己的才华，不仅要说服、战胜盲目骄傲自大的病态心理，凡事不要太张狂、太咄咄逼人，更要养成谦虚让人的美德。

杜甫有句名诗："射人先射马，擒贼先擒王。"后来也不知是哪个聪明人演绎出一个推论："出头的椽子先烂"，应当说，这句话在客观世界中反映了客观事实。对此"屋檐下的小雨"可能理解得更深。君不见，一年四季，风吹雨淋，年复一年，日久天长，出头的橡子先烂是自然而然的事。"枪打出头鸟"也是这个道理，在客观世界中，类似的事情很多。

所以，这种随时保持"一半"警醒、"一半"低调的哲学，已经渐渐深入人心。

半糖主义代表的是一种健康的生活态度，太苦的日子会使人沮丧失望，非我们所愿；过甜的日子容易让人不识甜为何物，不懂珍惜，也许生命的最佳状态就是不回避烦恼与苦难，并学会给自己的日子加半勺糖，在若有若无间体味生命的香甜，领悟甘苦参半的人生真谛。

比如人与人之间的交往，中国的一句老话"君子之交淡如水"其实与半糖的主张有异曲同工之妙，有一点亲密，有彼此的关心，但又不会太近，不会妨碍他人的私密空间；比如我们对事业成功的追求，应该努力争取，顽强拼搏，但又不急功近利，不奢求强求；比如我们对情感的向往，应该懂得珍惜，好好把握，但不束缚他人，给对方足够的自由快乐；比如我们对婚姻的态度，应该常常在一起，但又懂得亲密有间的道理。甚至我们的穿衣打扮、一日三餐，都该学会半糖——不过分、不过度、刚刚好，这样才会最好地摒弃生命里的苦，品尝到生活中的甘。

低下高贵的头，收起虚荣的心

虚荣心是人的天性之一，街头乞丐会因为多讨得一枚硬币而向同伴炫耀；天真的孩子会因为老师的一句表扬而笑逐颜开。曹操与刘备煮酒论英雄，认为"唯使君与操耳！"其实不过是用刘备来做陪衬，标榜的正是他自己。

虚荣心是你前进路上的绊脚石，如果你不把它踢开，你就会被它绊倒，它不但会影响你的学业，还会影响你的事业，进而耽误你的一生。

　　一个名叫韦格的奥地利女孩，天生丽质，聪明过人。韦格在一所大学专修油画，她的男朋友正在为她筹备一个个人画展。当经济上遇到困难时，男朋友鼓励她去参加世界小姐选美，初赛的奖金高达 5000 美元。韦格去了，而且一路进军到了拉斯维加斯——她成了 1987 年度的世界小姐。

　　韦格曾一直梦想可以开个人画展，而如今她已不再需要画展。韦格曾经幻想有一个自己的家庭，和男朋友过着浪漫温馨的日子，然而她成为世界小姐以后，整天被阔佬阔少们包围着，理所当然地接受他们的大献殷勤，她再也不缺少浪漫与温馨了。作为世界小姐，高高站在财富与荣耀的顶端，似乎曾经的一切都不那么重要了。

　　韦格心安理得地享受着这一切，享受着世界小姐的荣耀带给她的琳琅满目的、意外的"财富"。

　　正当事业如日中天时，她却生病了，患上一种名叫克里曼特的综合症。

　　这种病的最大危险在于，她的双眼视力将逐渐衰退，最终将会失明，韦格因此而陷入绝望之中。

　　她的情绪低落到了极点，她开始诅咒上帝，不该把她的"意外收获"在"一瞬间"统统收回去，她认为是上帝妒忌她的天资聪颖。因此她更加怨恨交加。

　　就在韦格病重的消息传出不久，一个名叫帕迪的非洲小男孩寄给她一包土，说他们那里的人都用这种土来治病。韦格并不相信土可以治病，但还是抱着试试的态度用了，结果，她的病竟奇迹般地好了。

又是一次意外，使她欣喜若狂，她的财富又可以回到她的身边了，于是她发誓这次一定要紧紧抓住这些财富，绝不能再失去。

她后来嫁给了一个美国富翁。

在以后的日子里，韦格先后改嫁了6次，可是没有一个男人令她满意。终于在一天夜里，她明白了，自己看起来拥有一切，其实却一无所有，她这辈子没有什么价值可言，于是她选择了自杀……

如果在她发达时没有抛弃男朋友，被评为世界小姐之后，依然继续她的事业，也许她会活得更加幸福。追求金钱、爱慕虚荣，让她彻底迷失了自己，陷入虚荣的泥潭里无法自拔。

每个人多多少少都有点爱慕虚荣，男人大多追求自己的名誉、地位、车子等，女人更多地追求自己的衣着、容貌、房子，尤其当今社会经济发展突飞猛进，人们的需求已经不仅仅是为了生存，为了解决温饱。

人们已经不能像老子在《取舍》中所言："难得之货使人是以圣人之治也，为腹而不为目，故去彼而取此。"

所以我们每个人都应该适时低下那高贵的头颅，放弃过分追求虚荣的心。持心谦虚，坐卧随心。

看高自己的人必会重重地摔下来

人们常说："别太把自己当回事儿了！"人要时常检讨自己，才能有更高更大的进步。

以前听说过不少神童的例子，在他们很小的时候就被父母所重视，被世人看成是跟平常人不一样的人。孩子还小，在那种处处被人恭维的环境下成长，养成了养尊处优的性格和习惯，让他们太把自己当回事了。相信大家也知道，很多之前被称为神童的孩子，到最后并不出众。

人难免有时会为一些小成就而兴高采烈，比如小时候，考了100分、得了小红花，妈妈总会教导孩子说不要太骄傲。那时还小，并不理解；现在长大了，我们要时常提醒自己要严于律己，不要为那些虚无缥缈的事情迷失了自我。

人不能把自己太当回事儿了，如果为那么一丁点儿夸奖或成绩就得意忘形，那么，从那时起，你就为自己挖好了"坟墓"。

有这样一个有趣的故事：

一天，主任让小付和小金清理一下资料室，把那些堆积如山的旧报刊卖掉。他们在墙角发现了一个手提袋，竟是厚厚一摞泛黄的"应聘简历表"，不少还贴着照片，有详细的联系方式。这定是公司以前到人才市场招聘时收到的，于是留了下来。

忙完了，几个人坐下来休息。小刘开始扒拉那些简历，说找找有没有美女。过了一会儿，小刘拿着一张简历表念道：

"某男，大学本科，曾担任院学生会副主席，三次获学院二等奖学金，英语四级，爱好看书，曾在校报发表作品……"

小付不屑一顾地说："肯定是假的，一个学校有N个学生会副主席呢，校报发表作品还值得一提？太普通了，这样的人一抓一大把。"

小刘又念了一个，也都很普通。"难怪这些人没有被公司录用呢，毫无特色。"小付和小金都用刻薄的语气批了一通。

这时小刘一脸坏笑，摇了摇那两份简历说，这可是你们两位当年的简历啊。

小付和小金都愣了，满脸通红。

5 年后，自己竟成了陌生人！

中午吃饭时，他们跟主任聊起了这件事。

主任说："小付当年是拿着贴满了在校报发表的文章剪报来的，虽然很幼稚，但是那股朝气让我眼前一亮啊；小金是唯一一个没穿高跟鞋的女生，在铺了地板的办公室走廊走过，没有一点噪音……"

答案竟然如此简单。

很多时候，我们总会以为自己不得了，而事实上，换一个角度去看自己，我们与别人其实差不了多少，一次又一次，我们或许也只是运气稍好罢了。所以，无论取得什么成绩，我们都没有理由骄傲自满。

第十五章
活在当下，花开花落两由之

无论身处何地，都应全然地融入当下

我们可能都遇到过这样的问题：过去犯过很严重的错误，内心深处受到了很大程度的谴责，可是又不知道应该用什么方法来弥补。这个时候，我们的内心是期待一个时间或者事件来拯救自己。其实，这种心理上的期待是正确的，但是我们对于时间的不确定性却是错误的。因为能够拯救我们的就在此时此刻。

在新泽西州市郊的一座小镇上，一个由 26 个孩子组成的班级被安排在教学楼最里面一间光线昏暗的教室里。他们中所有的人都有过不光彩的历史：有人吸过毒、有人进过管教所、有一个女孩甚至在一年之内堕过 3 次胎。家长拿他们没办法，老师和学校也几乎放弃了他们。

就在这个时候，一个叫菲拉的女教师担任了这个班的辅导老师。新学年开始的第一天，菲拉没有像以前的老师那样，首先对这些孩子进行一顿训斥，给他们一个下马威，而是为大家出了一道题：

有 3 个候选人，他们分别是——

A. 笃信巫医，有两个情妇，有多年的吸烟史，而且嗜酒如命。

B. 曾经两次被赶出办公室，每天要到中午才起床，每晚都要喝大约 1 公升的白兰地，而且曾经有过吸食鸦片的记录。

C. 曾是国家的战斗英雄，一直保持素食习惯，热爱艺术，偶尔喝点儿酒，年轻时从未做过违法的事。

菲拉给孩子们的问题是：

如果我告诉你们，在这 3 个人中，有一位会成为众人敬仰的伟人，你们认为会是谁？猜想一下，这 3 个人将来各自会有什么样的命运？

对于第一个问题，毋庸置疑，孩子们都选择了 C；对于第二个问题，大家的推论也几乎一致：A 和 B 将来的命运肯定不妙，要么成为罪犯，要么就是需要社会照顾的废物。而 C 呢，一定是一个品德高尚的人，注定会成为精英。

然而，菲拉的答案却让人大吃一惊。"孩子们，你们的结论也许符合一般的判断，但事实是，你们都错了。这 3 个人大家都很熟悉，他们是第二次世界大战时期的 3 个著名人物——A 是富兰克林·罗斯福，他身残志坚，连任四届美国总统；B 是温斯顿·丘吉尔，英国历史上最著名的首相；C 的名字大家也很熟悉，他叫阿道夫·希特勒，一个夺去了几千万无辜生命的法西斯元首。"学生们都呆呆地瞅着菲拉，他们简直不相信自己的耳朵。

"孩子们，"菲拉接着说，"你们的人生才刚刚开始，以往的过错和耻辱只能代表过去，真正能代表一个人一生的，是他现在和将来的所作所为。每个人都不是完人，连伟人也有过错。从过去的阴影里走出来吧，从现在开始，努力做自己最想做的事情，你们都将成为了不起的优秀人才……"

菲拉的这番话，改变了 26 个孩子一生的命运。如今这些孩子都已长大成人，他们中有的做了心理医生、有的做了法官、有的做了飞机驾驶员。值得一提的是，当年班里那个个子最矮也最爱捣乱的学生罗伯特·哈里森，后来成了华尔街上最年轻的基金经理人。

　　"原来我们都觉得自己已经无可救药，因为所有的人都这么认为。是菲拉老师第一次让我们觉醒：过去并不重要，我们还有可以把握的现在和将来。"孩子们长大后这样说。

　　过去的错误不可能影响我们的一生。如果我们一直带着对过去的愧疚，就没有办法融入现在，更不会有一个美好的未来。所以，不管我们身处何种境地，都应该全然地融入当下，从现在开始做起，改变自己，从新开始生活。

太多的人习惯生活在下一个时刻

　　一位智者旅行时，曾途经古代一座城池的废墟。岁月已经让这个城池满目沧桑了，但依然能辨析出昔日辉煌时的风采。智者想在此休息一下，就随手搬过一个石雕坐下来。

　　他望着废墟，想象着曾经发生过的故事，不由得感慨万千。

　　忽然，他听到有人说："先生，你感叹什么呀？"

　　他四下里望了望，却没有人，他疑惑着。那声音又响起来，原来声音来自那个石雕，那是一尊"双面神"像。

　　他从未见过双面神，就好奇地问："你为什么会有两副面孔呢？"

　　双面神说："有了两副面孔，我才能一面察看过去，牢牢吸取曾经的教训；另一面展望未来，去憧憬无限美好的明天。"

　　智者说："过去的只能是现在的逝去，再也无法留住；而未来又是现在的延续，是你现在无法得到的。你不把现在放在眼里，即使你能对过去了如指掌，对未来洞察先知，又有什么实在意义呢？"

听了智者的话，双面神不由得痛哭起来："先生啊，听了你的话，我才明白，我今天落得如此下场的根源。

"很久以前，我驻守这座城池时，自诩能够一面察看过去，一面又能展望未来，却唯独没有好好把握现在。结果这座城池便被敌人攻陷了，曾经的辉煌都成了过眼云烟，我也被人们唾骂而弃于这废墟中。"

悲观者总是活在过去，他们沉浸在已经发生过的灾难里无法自拔，不会去看现在，也看不到未来，只会反复重温已经无法弥补的伤痛。空想者总是活在未来，还没有买彩票，就开始考虑中了五百万以后要如何分配这些钱财，像极了小时候听到寓言故事里的两兄弟：看见一只雁飞过，他们便开始争吵，这只雁究竟是要清炖还是红烧，等他们吵出结果时雁早就飞走了。忽略现在的生活，似乎是很多人都会犯的通病。

威廉爵士说："人只能生存在今天的房间里。"这样就能成为一个快乐的人，满意地度过一生。

然而，太多的人好像习惯生活在下一个时刻。总是慌慌张张的，好像有永远忙不完的事。焦虑这个词，成了这个时代的流行词汇。

有时候，我们自己都要奇怪为什么我们不能活在当下，而是不停地透支烦恼？

也许人总是有欲望的，如果得不到我们想要的，就会不停地去想我们所没有的，并且保持一种空虚感。即使得到我们想要的，我们还是会在新的欲望下重新产生同样的想法。因此尽管得到了我们想要的，我们仍旧不高兴。于是我们开始浮躁，开始把希望寄托在未来。

　　我们总是急着等节假日的来临，总是盼望孩子快快长大，自己赶快退休在家待着。等我们真的老了时，又随时担心生命会在下一分钟结束。

　　我们总是忙不迭地过日子，一刻也不停地瞎转。

　　我们总是透支生活中的烦恼，不是为昨天的逝去而懊丧，就是为明天的到来而担忧，根本没有时间享受当下生活的轻松。

　　所以能认真地活在当下，简直成了一种愿望。好在这个愿望要实现起来并不困难。活在当下，就是享受你正在做的，而不是即将要做的。必须摆脱对"下一刻"的迷恋和幻想，它们大多数不切实际，有的虽然最终会得到，却剥夺了我们此刻的生活。

　　所以请记得不要一边吃饭一边想着办公室中的工作，不要一边工作又一边担心下班会不会塞车。

　　在当下，有很多值得我们体会的美好事情。

　　我们可以为每一天的日出欣喜不已。

　　我们可以分享与家人、朋友相处时的甜蜜。

　　我们可以学会与自然和谐共处，去聆听海浪之声，去仰望璀璨的星空……

　　属于当下的时间很有限，不要让欲望和烦恼挤掉它。

一切生活，唯有当下而已

　　时间的过去、现在和未来是互相交错不可分割的，所以说过去就是未来，未来也就是过去，现在就是过去以及未来。

　　但是我们很容易发现，在现实世界中，时间自然而然的流逝总让我们忽视了对生命的思索。不要被时间蒙骗，以为过去的已经过去，未来的一定会来，现在的永远不变。在时间的脉络中，我们唯一能够把握的就是现在，所以，不要牵挂过去，不要担心未来，踏实于现在，便能与过去和未来同在。

有人请教大龙禅师："有形的东西一定会消失，世上有永恒不变的真理吗？"

大龙禅师回答："山花开似锦，涧水湛如蓝。"

如锦缎般盛开的鲜花，虽然转眼便会凋谢，但依然不停地奔放绽开；碧玉般的溪水，虽然映照着同样蔚蓝如洗的天空，却每时每秒都在发生变化。

世界是美丽的，但似乎所有的美丽都会转瞬而逝。生命的意义在于过程，抓住瞬间消失的美丽，就是一种收获。时间像是一支弦上的箭，它是单向的，不能回头，所以我们要把握住现在、今朝，认真活在当下的每一分钟。

从前，有个小和尚每天早上负责清扫寺庙院子里的落叶。

清晨起床扫落叶实在是一件苦差事，尤其在秋冬之际，每一次起风时，树叶总随风飞舞落下。

每天早上都需要花费许多时间才能清扫完树叶，这让小和尚头痛不已。他一直想要找个好办法让自己轻松些。

后来有个和尚跟他说："你在明天打扫之前先用力摇树，把落叶统统摇下来，后天就可以不用扫落叶了。"

小和尚觉得这是个好办法，于是隔天他起了个大早，使劲地猛摇树，这样他就可以把今天跟明天的落叶一次扫干净了。一整天小和尚都非常开心。

第二天，小和尚到院子里一看，不禁傻眼了：院子里如往日一样落叶满地。

　　这时老和尚走了过来，对小和尚说："傻孩子，无论你今天怎么用力，明天的落叶还是会飘下来。"

　　小和尚终于明白了，世上有很多事是无法提前的，唯有认真地活在当下，才是最真实的人生态度。

　　明天的落叶，怎么能在今天全部捡拾干净呢？再勤奋的人也不能在今天处理完明天的事情，所以，不要预支明天的烦恼，认真地活在今天比什么都重要！

　　活在当下的人，应该放下过去的烦恼，舍弃未来的忧思，顺其自然，把全部的精力用来承担眼前的这一刻，因为失去此刻便没有下一刻，不能珍惜今生也就无法向往未来。

　　有人问一位禅师：什么是活在当下？

　　禅师回答他，吃饭就是吃饭，睡觉就是睡觉，这就叫活在当下。的确，最重要的事情，就是我们现在做的事情；最重要的人，就是现在和我们一起做事情的人；最重要的时间，就是现在。

　　老禅师带着两个徒弟，提着一盏灯笼行走在夜色中，一阵风吹来，灯笼被吹灭了。

　　徒弟问："师父，怎么办？"

　　师父回答说："看脚下！"

　　当一切变成黑暗，后面的来路，与前面的去路，都看不见，如同前世与来生，都摸不着。我们要做的是什么？唯有看脚下，看今生！

　　忘记无始无终的时空观念，对现有的生命悠然而受之，天冷了就添衣，天热了就脱衣，受而喜之，才能顺其自然，我们能够并且必须去把握的，唯有当下而已。

只有现时的存在，才有真实的自己

时间并不能像金钱一样让我们随意储存起来，以备不时之需。我们所能使用的只有被给予的那一瞬间，也就是今日和现在。如果我们不能充分利用今日而让时间白白虚度，那么它将一去不复返。所谓"今日"，正是"昨日"计划中的"明日"；而这个宝贵的"今日"，不久将消失在遥远的彼方。对于我们每个人来讲，得以生存的只有现在——过去早已消失，而未来尚未来临。昨天，是张作废的支票；明天，是尚未兑现的期票；只有今天，才是现金，是有流通性的价值之物。

人要学会在现时中生活，因为只有现时里才有真实的自己。需要注意的是，我们所用的"现时"一词，它更加强调的是"现在"这一时间概念。现实生活是你真正生活的关键所在。细想一下，除了"现在"，我们永远不能生活在任何其他时刻，你所能把握的只有现在的时光，其实未来也只不过是一种即将到来的"现在"。有一点可以肯定在未来到来之前，你是无法生活于未来之中的。

有时人们不得不为将来牺牲现在。细细体味采取这种态度就意味着不仅要避免目前的享受，而且要永远回避幸福——将来那一时刻一旦到来，也就成为现时，而我们到那时又必须利用那一现时为将来做准备。这样，幸福总是明日复明日，永远可望而不可即。

现时，是一种难以捉摸而又与你形影不离的时光，只有你完全沉浸于其中，才可得到一种美好的享受。因此，你应该充分享受现时的每分每秒，而不必去考虑已经逝去的往昔和自然到来的将来。抓住现在的时光，这是你能够有所作为的唯一时刻。

回避现实往往导致对未来的一种理想化。希望、期望和惋惜都是回避现实的最为常见的方法。你可能会想象自己在今后生活中的某一时刻，会发生一个奇迹般的转变，你一下子变得事事如意、幸福无比、财富无限。或者期望自己在完成某一特别业绩——如大学毕业、结婚、有了家庭或职务晋升之后，你将重新获得一种新的生活。然而，当那一刻真正到来时，你却并没获得自己原先想象的幸福，甚至往往有些令人失望。未来永远没有你所想象的那么美好，如诗如画，它也只是一种切切实实的将要到来的"现时"。为什么许多年轻人婚后不久就哀叹生活与婚姻的不幸，其中不乏一个原因——他们曾经将婚姻和未来幻想得过于幸福美满，而当这一切真正到来时，他们却因为没有珍惜而错过了现时的快乐。

当然，如果生活中的某些方面并没有达到你原先的期望，你可以通过对未来的再一次理想化而将自己从低沉的情绪中解脱出来。但千万不要让这种恶性循环成为你的一种固定生活模式。立即采取一些现实生活的措施，打破这种恶性循环。

著名小说家亨利·詹姆斯在《大使们》一书中如此忠告：

"尽情地生活吧，否则，就是一个错误。你具体做什么都关系不大，关键是你要生活。假如没有生命，你还有什么呢……失去的就永远失去了，这是毫无疑义的……所谓适当的时刻就是人们仍然有幸得到的时刻……生活吧！"

如果你也像托尔斯泰书中的伊凡·伊里奇那样回顾自己的一生，你将会减少很多没有必要的遗憾。

"如果我到目前为止的整个生活都是错误的，那该怎么办？他忽然意识到以前在他看来完全不可能的事也许的确是真的——他也许真的没有按照他本应做的那样去生活。他忽然意识到，自己以前那些难以察觉的念头（尽管出现之后便随即被打消）或许才是真实的，而其他一切则是虚假的。他的职业义务、他的生活以及家庭的整个安排，还有他的一切社会利益和表面利益，也许完全都是虚无的。他一直在为这一切进行着辩解，然而现在，他蓦然感到自己的辩解是苍白无力的。没有什么值得辩解的……"

恰恰相反，正是那些你所没做的事情才会使你在心中耿耿于怀。如果你以自我挫败的方式度过现在的时光，就无异于永远地失去这一现时。因此，你现在应该去做的事情十分显然——行动起来！珍惜现在的时光，充分利用现在的时光，不要放过一分一秒。

过去只存在于你的印象里

淑娟是某校一位普通的学生。她曾经沉浸在考入重点大学的喜悦中，但好景不长，大一开学才两个月，她已经对自己失去了信心，连续两次与同学闹别扭，功课也不能令她满意，她对自己失望透了。

她自认为是一个坚强的女孩，很少有被吓倒的时候，但她没想到大学开学才两个月，自己就对大学四年的生活失去了信心。她曾经安慰过自己，也无数次试着让自己抱以希望，但换来的却只是一次又一次的失望。

以前在中学时，几乎所有的老师跟她的关系都很好，很喜欢她，她的学习状态也很好，学什么像什么，身边还有一群朋友，那时她感觉自己像个明星似的。但是进入大学后，一切都变了，人与人的隔阂是那样的明显，自己的学习成绩又如此糟糕。现在的她很无助，她常常这样想：我不比别人少付出，不比别人少努力，为什么别人能做到的，我却不能呢？她觉得明天已经没有希望了，她想，难道12年的拼搏奋斗注定是一场空吗？那这样对自己来说太不公平了。

进入一个新的学校，新生往往会不自觉地与以前相对比，而当困难和挫折发生时，产生"回归心理"更是一种普遍的心理状态。淑娟在新的环境中缺少安全感，不管是与人相处方面，还是自尊、自信方面，这使她长期处于一种怀旧、留恋过去的心理状态中，如果不去正视目前的困境，就会更加难以适应新的生活环境、建立新的自信。

不能尽快适应新环境，就会导致过分的怀旧。一些人在人际交往中只能做到"不忘老朋友"，但难以做到"结识新朋友"，个人的交际圈也大大缩小。此类过分的怀旧行为将阻碍着你去适应新的环境，使你很难与时代同步。回忆是属于过去的岁月的，而过去只存在你的印象里，不属于现实的生活。一个人要想在以后的生活里不断进步，就要试着走出过去的回忆，不管它是悲还是喜，不能让回忆干扰我们今天的生活。

在生活中，我们适当怀旧是正常的，也是必要的，但是因为怀旧而否认现在和将来，就会陷入病态。

不要总是表现出对现状很不满意的样子，更不要因此过于沉溺在对过去的追忆中。当你不厌其烦地重复述说往事，述说着过去如何如何时，你可能忽略了今天正在经历的体验。把过多的时间放在追忆上，会或多或少地影响你的正常生活。

我们需要做的，是尽情地享受现在。过去的再美好抑或再悲伤，那毕竟已经因为岁月的流逝而沉淀。如果你总是因为昨天错过今天，那么在不远的将来，你又会回忆着今天的错过。在这样的恶性循环中，你永远是一个迟到的人。不如积极参与现实生活，如认真地读书、看报，了解并接受新生事物，积极参与改革的实践活动，要学会从历史的高度看问题，顺应时代潮流，不能老是站在原地思考问题。如果对新事物立刻接受有困难，可以在新旧事物之间寻找一个突破口，例如思考如何再立新功、再创辉煌，不忘老朋友、发展新朋友，继承传统等，寻找一个最佳的结合点，从这个点上做起。

隆萨乐尔曾经说过："不是时间流逝，而是我们流逝。"不是吗，在已逝的岁月里，我们不可抗拒让生命在时间里一点一滴地流逝。

说穿了，回到从前也只能是一次心灵的谎言，是对现在的一种不负责的敷衍。史威福说："没有人活在现在，大家都活着为其他时间做准备。"所谓"活在现在"，就是指活在今天，今天应该好好地生活。这其实并不是一件很难的事，我们都可以轻易做到。

将过去留在记忆里，重新启程

当生活变得郁闷难受的时候，当警报把你推向万丈深渊和无限的烦恼时，你会渴望去逃避令人难以忍受的现实，这是非常自然的事情。

于是，我们开始做白日梦，想到在学校的无忧时光，想到过去某个阳光和煦的沙滩。我们也许会在某种广告、某种邮卡或某部电影中看到过它并希望我们能够身临其境。或者，我们也许会回忆起一片我们曾经到过的乐土，那时生活似乎也没有现在这么复杂。

诸如此类的暂时性逃避，在解除我们的精神紧张方面，也许很有益处。但是，持续不断地靠怀念过去来逃避现实（逃入往事的回忆之中），却是一种无益的习惯，其结果往往是使人逃避成熟的思考。

一个夏天的下午，在纽约的一家中国餐厅里，奥里森·科尔在等待着，他感到沮丧而消沉。由于他在工作中有几个地方出现错误，使他没有完成一项相当重要的项目。即使他在等待一位很重要的朋友时，也不能像平时一样感到快乐。

　　他的朋友终于从街那边走过来了，他是一名了不起的精神病医生。朋友的诊所就在附近，科尔知道那天他刚刚和最后一名病人谈完了话。

　　"怎么样，年轻人，"朋友不加寒暄就说，"什么事让你不痛快？"对朋友这种洞察心事的本领，科尔早就不意外了，因此他就直截了当地告诉朋友使自己烦恼的事情。然后，朋友说："来吧，到我的诊所去。我要看看你的反应。"

　　朋友从一个硬纸盒里拿出一卷录音带，塞进录音机里。"在这卷录音带上，"他说，"一共有3个来看我的人所说的话。当然没有必要说出来他们的名字。我要你注意听他们的话，看看你能不能挑出支配了这3个案例的共同因素，只有4个字。"他微笑了一下。

　　科尔听起来，录音带上这3个声音共有的特点是不快活。第一个是男人的声音，显示他遭到了某种生意上的损失或失败；第二个是女人的声音，说她因为照顾寡母的责任感，以至于一直没能结婚，她心酸地述说她错过了很多结婚的机会；第三个是一位母亲，因为她十几岁的儿子和警察有了冲突，她一直在责备自己。

　　在3个声音中，科尔听到他们一共6次用到4个文字："如果，只要。"

　　"你一定大感惊奇。"朋友说，"你知道我坐在这张椅子里，听到成千上万用这几个字作开头的内疚的话。他们不停地说，直到我要他们停下来。有的时候我会让他们听刚才你听的录音带，我对他们说：'如果，只要你不再说如果、只要，我们或许就能把问题解决掉！'"朋友伸伸他的腿，"用'如果，只要'这4个字的问题，"他说，"是因为这几个字不能改变既成的事实，却使我们面朝着错误的方面，向后退而不是向前进，并且只是浪费时间。最后，如果你用这几个字成了习惯，那这几个字就很可能变成阻碍你成功的真正的障碍，成为你不再去努力的借口。

"现在就拿你自己的例子来说吧。你的计划没有成功，为什么？因为你犯了一些错误。那有什么关系！每个人都会犯错误，错误能让我们学到教训。但是在你告诉我你犯了错误，而为这个遗憾、为那个懊悔的时候，你并没有从这些错误中学到什么。"

"你怎么知道？"科尔带着一点儿辩护地说。

"因为，"朋友说，"你没有脱离过去式，你没有一句话提到未来。从某些方面来说，你十分诚实，你内心里还以此为乐。我们每个人都有一点儿不太好的毛病，喜欢一再讨论过去的错误。因为不论怎么说，在叙述过去的灾难或挫折的时候，你还是主要角色，你还是整个事情的中心人物……"

在朋友的开导下，科尔终于意识到，自己沉浸在过去错失的阴影中，还没有真正走出自我，并用积极上进的态度去改变现在的处境。

以前的事情或许是美好的，或许是悲哀的，但无论如何你都不能把它们放在心灵的主祭台上，因为你不可能走进历史，经常哀叹不如意的过去，只会使人迟钝而不能使人振奋。而且总是沉湎于过去的人，会使自己脱离对他极为重要的生活。

有人说，昨天就像使用过的支票，已经没有价值，只有今天才是现金，可以马上使用。一味地留恋过去，就会错过很多美好的事物，而这无疑是对生命的一种浪费，所以，在你面对生活的磨难时，一定不要怕，不要回避今天的真实与琐碎，要懂得将过去留在记忆里，以积极热情的心态开始自己新的生活。

请关上过去的那扇门

曾为英国首相的劳合·乔治有一个习惯——随手关上身后的门。一天，有一个朋友来拜访他，两个人在院子里一边散步，一边交谈，他们每经过一扇门，乔治都会随手把门关上。

朋友很纳闷儿，不解地问乔治："有必要把这些门都关上吗？"乔治微笑着回答："哦，当然有这个必要。我这一生都在关我身后的门，这是必须做的事。当你关门时，也就把过去的一切留在了后面，不管是美好的成就，还是让人懊恼的失误，然后，你才可能重新开始。"

把过去的一切关在身后，也就是卸下身心上的包袱，放弃已经到手的一切，这样才能更好地开始新生活，但这个问题往往被我们忽略。大多数人总是习惯于受过去的事情牵绊，无论成功或喜悦，无论失败或烦恼，挤占在脑海里不忍抛弃，结果使身心负载过重，浪费了精力，影响了事业的发展。所以，你应该试着学会经常把身后的门关上，把过去的一切留在身后。

关上身后的门，并不是把你过去的经验和教训关在身后，这些都是你人生的宝贵财富。你应把它们融入你的血液里，让它变成一种本能，一种习惯，这样更有利于你获得成功。

不为已经失去的而悲伤，这是一种大智慧！

每个人都希望自己的美好梦想变为绚丽现实。于是，在人生路上漫步时，我们犹如天真的孩童，总瞪大好奇的眼睛期待珍宝的出现，并在行走中欣喜地将它拾起。人生经历的行囊，在不断地捡拾中变得越来越重，直到举步维艰。是断然放弃还是继续珍藏？这是每个人都无法避免的难题和麻烦。

　　放弃，是一种伤感的美丽……

　　如果曾经的心情宛如一个行者，孤身踯躅在无边的大漠，迎着风沙，艰难地跋涉。远处，残阳如血。抬眼望，遥远的一线天际空旷而寂寥，周身弥漫的是一种孤苦和凄凉。当情绪低落到极点时，为何不解决自己的问题，为何不放弃行囊中的抑郁？也许曾经收入行囊时，它们对我们来说是值得珍视的，给我们带来了欢乐。但随着岁月的流转，光阴的飞逝，它们的存在只会触痛我们的伤疤，它们的出现只能给我们留下黑夜辗转难眠时无声的泪水，为什么还要保存着它们？放弃它们，打开尘封已久的行囊，把它们倾倒出来！也许，这会使你痛苦，但是，放弃之后，你会发现，心会如此灵动，情会如此轻松。

第十六章

人生不必死较真儿，糊涂的人最快活

糊涂的人因"傻"得福

人生在世，即使什么也学不会，也得学会吃亏。只要学会吃亏，你就会烦恼不上身、遇事游刃有余、心底坦坦荡荡、吃饭有滋有味了。这种神仙般的滋味，是爱占小便宜的人根本体会不到的。

因此，遇事吃点亏、让一步，不是傻瓜而是英雄，因为他用静心的智慧躲避了身后不可想象的事情发生。

在电影《阿甘正传》中，主人公阿甘在人们的眼中一度像个白痴，但是他却干出了伟大的事业。阿甘出生在美国南部的阿拉巴马州的绿茵堡镇，由于父亲早逝，他的母亲独自将他抚养长大。

阿甘不是一个聪明的孩子，小的时候受尽欺侮，他的母亲为了鼓励他，常常这样说："人生就像一盒巧克力，你永远也不知道接下来的一颗会是什么味道。"他牢牢地记着这句话。在社会中，阿甘是弱者，他几乎没有能力掌控自己的生活。于是，他选择命运为他做出安排。

阿甘的智商只有75，但凭借跑步的天赋，他顺利地完成大学学业并参了军。在军营里，他结识了"捕虾迷"布巴和神经兮兮的丹·泰勒中尉，随后他们一起开赴越南战场。战斗中，阿甘的小分队遭到了伏击，他冲进枪林弹雨里搭救战友，丹·泰勒中尉命令他乖乖地待在原地等待援军，他说："不，布巴是我的朋友，我必须找到他！"虽然没能最终挽救布巴的生命，但至少，布巴走时并不孤单。

战后，阿甘决定去买一艘捕虾船，因为他曾答应布巴要做他的捕虾船的大副。当他把这个想法告诉丹·泰勒中尉时，丹中尉笑话他："如果你去捕虾，那我就是太空人了！"可阿甘说，承诺就是承诺。终于有一天，阿甘成了船长，丹·泰勒中尉当了他的大副。

阿甘和女孩珍妮青梅竹马，可珍妮有自己的梦想，不愿平淡地度过一生。于是，珍妮让阿甘离自己远远的，不要再来找她，可阿甘依旧会在越南每天给珍妮写信，依旧会跳进大水池里和珍妮拥抱。珍妮说："阿甘，你不懂爱情是什么。"阿甘说："不，虽然我不聪明，但我知道什么是爱。"珍妮一次又一次地离开，但阿甘从未放弃过她。最终，有情人终成眷属。

阿甘的成功，从某种意义上说，拜赐于他的傻和宽广的胸怀。阿甘总是那么快乐、那么勇敢，我们以为他不知道自己和别人不同，没想到，原来他一直都承受着因歧视而带来的痛苦，从而不希望他的孩子同自己一样。原来他不是不知道，只是装糊涂，不去与他人计较。

阿甘是真正的聪明人，因为聪明的人都擅于谦让，敢于吃亏。比如单位里分东西不够时，自己就主动少要些，一些荣誉称号多让给将退休的老同事等等。

话虽如此，但能够主动吃亏的人实在太少，这不仅因为人性的弱点，更是因为大多数人缺乏长远的眼光，不肯舍得眼前小利而换来内心的安宁。但是如果你能够跳出这个思维的窠臼，吃点小亏，那么等待你的多半是大便宜。

恰到好处，才是最好

量变引发质变，有时候，把一件事情做到极致，反而未必能得到想要的效果，凡事太过钻牛角尖，有可能把自己逼入死胡同。

IMG公司有一位精力旺盛的女业务代表，负责在高尔夫球及网球场上的新人当中发掘明日之星。美国西海岸有位年轻的网球选手，特别受她重视，她决定邀请对方加盟她的公司。

从此，纵使每天在纽约的办公室忙上12个小时，她依然不忘时时打电话到加州，关心这位选手受训的情况。这个网球选手到欧洲比赛时，她也会趁着出差之便，抽空去探望，为他打理一切。有好几次，她居然连续一周都未合眼，忙着飞来飞去，追踪这个选手的进步状况。

一次，那位年轻的选手参加法国公开赛。按原订日程，这位女业务代表不需出席这项比赛，但是为了保持与那位年轻选手的关系，她努力去说服她的主管。主管勉强答应，但条件是，她得在出发前把一些紧急公务处理完毕。结果她又是几个晚上没合眼。

抵达巴黎的当日，在一个为选手、新闻界与特别来宾举行的晚宴上，她依旧盯着那位美国选手，并且像个称职的女主人，时时为他引见一些要人。当时正是瑞典网球名将柏格独领风骚的年代，他刚好是他们的客户，又是那名年轻选手的偶像，很自然地她便介绍他俩认识。柏格当时正在房间一角与一些欧洲体育记者闲聊，这时，她与那个年轻的选手迎上前去。当对方望向这边时，她说："柏格，容我介绍这位……"天哪！她居然忘了自己最得意的这位球员的姓名！

后来，那位年轻选手成了世界名将，但他与 IMG 公司再也没有关系。

这位女业务代表的确令人钦佩，如果运气好，碰上一个懂事的小伙子，她的失误也不是什么大的失误，因为在那种情况下，只要小伙子自我介绍一下就没什么问题了，不计较，同样也没有什么事。但她这样不顾一切地认真工作，对服务对象过于关注，则总会造成这样或那样的错误。

在现实生活中，许多人往往不能控制自己的情绪，想"糊涂"却难"糊涂"，有时候过分认真、专注于一件事情，并且遇到不顺心的事，要么"借酒消愁"，要么"以牙还牙"，更有甚者，因想不开而轻生厌世，这都是错误的做法。

那么，怎样才能在该糊涂的时候做到糊涂呢？

首先，要学会理智处事，沉不住气时反复提醒自己要以理智的心态来控制自己的感情。

其次，要学会苦中求乐，擅于在生活中寻找乐趣，多参加一些自己感兴趣的活动，把生活安排得丰富多彩，让自己活得有滋有味。

再次，要学会广交朋友，遇到挫折、失败之事，不妨找知心朋友谈谈心。

最后，要学会巧妙地应付各种复杂多变的环境，以保持心理平衡，维护身心健康。

人生在世，能做到精益求精固然很好，但过分专注难免顾此失彼。世界那么大，我们那么小，过分苛责自己实在没必要，累的时候试着"糊弄"自己吧，感到舒服的时候就停在这里。我们都知道，恰到好处，才是最好。

形醉而神不醉，外愚而内不愚

若愚者，即似愚也，而非愚也。所以"若愚"只是一种表象、一种策略，而不是真正的愚笨。在"若愚"的背后，隐含的是真正的大智慧、大聪明、大学问。真正具有大智慧、大聪明的人往往给人的印象总是有点愚钝，所以中国才有了"大智若愚"这个带有很深哲理意义的成语。

糊涂与清醒是糊涂一些好呢还是清醒一些好呢？一般的答案一定是后者。可糊涂学却提倡前者。例如，电视剧《九品芝麻官》中，包龙星自幼家贫，但他有志要像先祖包公一样做个明镜高悬的清官。龙星长大后，亲戚们出钱给他捐了个候补知县，是个九品芝麻官。龙星看似懒散糊涂的外表下有其他人难以企及的智慧，每断奇案，深受百姓爱戴。这便是外表糊涂、内心清楚的生活智慧。

当然，如果一个人内心本来很清楚，却让他在表面上装糊涂，这确实是件很困难的事，非有大智慧者不容易办到。而做到了这一点，就是所谓的"清楚之糊涂"了。

"大智若愚"不是故意装疯卖傻，不是故意装腔作势，也不是故作浅显，故作玄虚，而是待人处世的一种方式、一种态度，即遇乱不惧、受宠不惊、受辱不躁、含而不露、隐而不显，看透而不说透，凡事心里都一清二楚，而表面上却显得不知、不懂、不明、不晰。

三国时期的司马懿，本来是个老谋深算、聪明绝顶的人，却总喜欢装糊涂。当年他在五丈原，凭借一套大智若愚、软磨硬泡的功夫，终于拖垮了老对手诸葛亮，居功至伟，在国内也权倾一时。正因为功高震主，少不得引来同僚的妒忌和朝廷的猜疑。这种情况下，司马懿干脆装起糊涂来，以病重为由长期在家休假，给人制造一种他行将就木的假象。但他的政敌们还是不放心，派了一个人以慰问病情为由刺探司马懿的虚实。司马懿干脆将计就计、顺水推舟，真的装出一副日薄西山、气息奄奄、病入膏肓的样子。在司马懿的策划下，来人果然被蒙骗了过去，回去就说司马懿病势沉重，将不久于人世，于是司马懿的政敌们终于放松了警惕，就在这个时候，司马懿暗中培植羽翼、广罗亲信，神不知鬼不觉地布置自己的两个儿子抓住了京师禁军大权。后来瞅准了一个时机，发动了"高平陵之变"，几乎将曹家的势力一网打尽。至此，魏国军政大权尽数落在司马氏手中。

你看，一个人充分运用糊涂学的技巧，会有很多意想不到的收获，也不失为保全自己的手段。细数古今中外，无论是政治、军事、外交、管理，其实都用得着"清楚之糊涂"的招数。所以对聪明人来说，正确的态度应该是什么呢？那就是"该清楚时就清楚，偶尔也要装糊涂"。内心本来是"清清楚楚"的，却为了因应实际的需要，在外人面前表现出"含含糊糊"的姿态，也许这更加有助于达到"圆通"的境界，这也是一种出色的人生智慧。

糊涂是对生活的融通

将"糊涂学"活学活用到生活中，也就是"睁一只眼闭一只眼"，成语叫作视而不见。对有些事情，你好像已经看见了，好像又没有看见。

很久以前，土豆还不是世界各地都有种植的植物。法国有位聪明而又热心的农学家，有一次在德国吃了一次土豆，就很想在自己的国家里推广种植这种作物，但他的热心宣传却得不到回报，没人相信他的话。当时法国的医生甚至认为土豆有害于人的健康，有的农学家断言种植土豆会使土地变得贫瘠，宗教界称土豆为"鬼苹果"。聪明的人是不会轻易放弃的，这位一心推广土豆种植的农学家，终于想出了一个新点子。在国王的许可下，他在一块出了名的低产田里栽培了土豆，由一支身穿仪仗队服装的国王卫兵看守，并声称不允许任何人接近它、挖掘它。但这些士兵只在白天看守，晚上全部撤走。人们由于好奇，晚上都来挖土豆，并把它栽到自己的菜园里。这样，没过多久土豆便在法国推广开了。

这个推广方法的成功，就得益于智慧和心理的巧妙结合。如果直接向人们推广说土豆好，人们是不会接受的，如果由国王种植，又有卫兵看守，暗示的情境意义即：这是贵重物品。由此诱发了人们占有的欲望，再加上栽种后的亲自品尝与体验，确信有益无害，就会完全接受这种作物。这里交际情境的魅力，就在于利用了人们的好奇心理，睁一眼，闭一眼，创造了一个让人们接触土豆的契机，所以产生了预期的目的。

生活中也是这样。俗话说得好：人无完人。每个人都有自己的缺点和不足，在人与人的交往中，如果我们总是睁大眼睛，就像显微镜似地观察、计较别人的缺点和不足，那么，我们永远不会满意对方，我们会嫌弃、厌恶别人，就处理不好与同学、同事、朋友、亲人、爱人的关系，会破坏起码的团结，会失去朋友甚至失去亲人和爱人。如果我们闭上一只眼睛，以一份宽容的心看待别人的缺点和不足，给别人一份信心，给自己一份轻松，生活就变得可爱多了。

在生活中，糊涂不等于马虎，糊涂是一门学问，包含着物极必反的深奥道理，属于清醒的最高级别，需要倾注大量的文化情愫进行长年累月的修炼之后才能自然流露。

会吃亏是比金钱更值得珍视的财富

日常生活中有很多人、很多时候因不吃小亏，反而吃了看不见的大亏，正所谓："捡了芝麻，丢了西瓜"。其实，如果想顺利解决这些小事情，办法只有一个，以"吃点小亏"当作自己做人的原则，凡事多谦让就万事大吉了。

吃亏是福关键在于心，在于不计较得失。生活中，懂得吃亏的人才是真正的智者。对于生活中由于争端而吃点亏，最好的做法是"大事化小，小事化了"。因为每个人都会有不顺心的时候，但你能在这个时候尽量忍让，不惹事端，多考虑对方的感受，多感谢他们平时对自己的帮助和支持，这才有助于以后工作的发展。

有一个年轻人，在他28岁那年就被选为银行总裁一日，他与股东会议主席（也就是前任的总裁）谈话，他说："如您所指，我才被指定担当总裁职务，这真是一个艰巨的任务。我希望您能根据自己多年的经验给我一些建议。"年长的前任总裁看着坐在自己面前的新总裁，很快以6个字作为回答："做正确的决定。"年轻的总裁期望得到更进一步的回答，他说："您的建议很有帮助，我非常感激。但是您能否说详细一点儿？我真的很需要您的帮助以做正确的决定。"这个充满智慧的老人回答："经验。"新总裁又问："没错，那正是我今天出现在这里的原因。我不具有我所需要的经验，我该如何获得这些宝贵的经验呢？"老人笑着以简洁的语气回答："错误的决定。"

亡羊补牢，犹未为晚，谁都有疏忽大意的时候，谁都有这样那样的缺点和错误，第一次吃亏并不可怕，关键是我们要面对错误，吸取教训，找出吃亏的原因，这才是我们以后取得成功的最有力的保障和工具。

工作中，有些责任分得不是很清，谁多做？谁少做？如果大家都想占便宜，那肯定有许多事情就没有人去做，这样的结果是你们这个集体的名誉受到影响，真所谓占小便宜吃大亏，如果大家都不怕吃亏，有什么事情都抢着做，也许这次你吃亏了，也许下次他吃亏了，但是，工作都完成了，集体荣誉有了，大家感情融洽了，工作氛围好了，相比下来，虽然吃点小亏，还是收获了"福"。

朋友相处也是这样，如果都想着占别人的便宜，也许你会得逞一两次，可是时间久了，谁还会相信你这个朋友？虽然"为朋友两肋插刀"是常人难以达到的境界，但因为偶尔的吃亏，得到一辈子的好友，这难道不是福吗？

对待家人也是如此，亲人心甘情愿地吃亏，做子女的也不能理所当然地占这个便宜，要体会亲人的一份真情，同时，你也要能为家人吃亏，大家都让三分，还会有什么家庭矛盾，这难道不也是福吗？

不是聪明得太快，而是糊涂得太迟

生活中往往有许多意想不到的事情，如果事事认真求全，往往会在心里产生少许挫折感，倒是折中一下比较好。折中能促成完满的人际氛围，化解各种矛盾。

晚清名臣张之洞曾就任山西巡抚，即将启程时，有一个山西籍富商，泰裕票号的孔上司，表示要送1万两银子给他。他对张之洞说，他深知张之洞为官清廉，手头并不宽裕，出于对张之洞的敬慕，他送"一点薄礼"是为张之洞解决些差旅费。

张之洞当时婉言谢绝了孔上司的好意。可是当他来到山西，考察了当地的情况之后，深为山西罂粟的种植之多而震撼，他决心铲除山西的罂粟，让百姓重新种植庄稼。而改种庄稼，需要帮助百姓买耕牛、买粮种，但山西连年干旱、歉收，加上贪官污吏的中饱私囊，拿不出救济款发放给老百姓。他深感世事多艰，有时太坚持原则会把人难死，他决定向商号上司募捐。这时，他第一个想到的就是孔上司。

他想，孔上司很有实力，他拿银子贿赂自己，无非是为了日后得到关照。如果说服孔上司把银子捐出来，为山西的百姓做善事，以银子换美名，他或许会同意。

经过商谈，孔上司终于表示愿意拿出5万两银子，但前提是满足他的两个愿望，一是请张之洞在他票号大门口的匾上题写"天下第一诚信票号"8个字；第二个愿望是张之洞为他弄个"候补道台"的官衔。

刚开始张之洞觉得孔上司的这两个条件都不能答应，因为自己连泰裕票号诚信不诚信都不知道，又怎么能说它是"天下第一诚信票号"呢？第二，他向来讨厌捐官，认为捐官是一桩扰乱吏治的大坏事，自己厌恶的事自己怎么能做？！这个孔上司也太过分了，仗着有几个钱居然伸手要做道台！人家千千万万读书郎，数十年寒窗苦读，到死说不定还得不到正四品的顶子呢！可是不答应他，又到哪里去弄5万两银子呢？没有这5万两银子，就没有五六千户人家的种子、耕牛，他们地里长的罂粟就不会被铲除，禁烟在这些地方就成了空话。

　　5万两银子毕竟不是个小数目，这对张之洞的诱惑太大了。经过反复思考，张之洞决定采用折中迂回的手段，答应为孔上司的票号题写"天下第一诚信"6个字，这跟孔上司所要求的那8个字相比，不仅仅少了"票号"两个字，而意思上也有了很大的不同，因为"天下第一诚信"这六个字意味着：天下第一等重要的是"诚信"二字，并不一定是说他们泰裕票号的诚信就是天下第一。

　　至于他的第二个要求，张之洞反反复复想了很久，最后给自己找了这样一个台阶：一来，捐官的风气由来已久，不足为怪；二来，即使孔上司做了道台，他依旧要做他的票号生意，并不会等着去补缺，也就不会去抢别人的位置，所以对孔上司来说不过是得了个空名而已。再者，按朝廷规定，捐4万两银子便可得候补道台，孔上司要捐5万，已经超过了规定的数目，给他个道台的虚名，于情于理都不为过。为了5万两救民解困的银子，张之洞终于"说服"了自己，而孔上司最后也答应了张之洞的折中方案。

　　把事情办得周全，让各方人都舒服，才叫高明。张之洞做出这种折中的方案也有些无奈，但世事多艰，有几件事可以简单、顺利地办理呢？张之洞采取迂回的方式，借孔上司的钱改善民生，而孔上司也得到了名，并不违背大的原则，也无可厚非。

　　人们常称赞一举两得、两全其美的举措，是因为这些举措排除了触及各种人际关系后所产生的负面效果，直接达到了预期的目标。有人询问一位办事高手："如何才能办好每件事？"高手答道："也没有什么，只是折中罢了。"这"折中"二字可使我们在生活中受益良多。

在很多场合，很多人是不肯装糊涂的，并能拍着胸膛理直气壮地叫嚷："我眼里揉不得沙子。"不肯放过每一个可以显示自己聪明的机会，张口就是应该怎样怎样，不应该怎样怎样，遇事总是喜欢先用一种标准来判断一下对与错，却总是费力不讨好，原因就是其不懂得难得糊涂的道理。

记住该记住的，忘掉该忘掉的

两个一起跑步的人，跟在后面的总会显得累些；社会在发展，如果跟不上节奏就会觉得累；想干的事情很多，做过的梦也很多，可是什么也没有做成，于是觉得累；睁开两眼历历在目，闭上双眸又不堪重负，看不到希望和光芒，于是感叹心累了。

心累到底是什么？是无可奈何花落去，是一人为更多的个人自由而付出的沉重代价。不到长城非好汉、对社会地位的渴望等等，都会造成自身的不快，于是就有了心累的感觉。

人之所以会心累，就是追求的太多。人生在世，不可能事事如意。有些人常常觉得自己很不幸，其实世界上还有比他们更痛苦的人。人之所以会心累，就是记性太好，该记的、不该记的都会留在记忆里。而我们又时常记住了应该忘掉的事情，忘掉了应该记住的事情。为什么有人说傻瓜可爱、可笑，因为他忘记了人们对他的嘲笑与冷漠、忘记了人世间的恩恩怨怨、忘记了世俗的功名利禄、忘记了这个世界的一切，所以他永远不会心累。

感到心累的人，往往修养不够，没有一定的承受能力。硬要把单纯的事情看得很严重，把简单的东西想得太复杂，所以会很痛苦。

第十六章　人生不必死较真儿，糊涂的人最快活

不快乐的人之所以不快乐，就是计较得太多。看到别人过得幸福，自己就有种失落和压抑感。其实他们只看到了表面现象，或许快乐的人过得并不快乐。人的欲望是无止境的，人人都在追求高品质的生活，人人都想得到自己想要的东西，人人都在为了自己的目标忙碌着、奋斗着，得到了，开心一时；得不到，就痛苦一世。

世界上没有完美无缺的东西，不完美其实才是一种美，只有在不断地争取、不断地承受失败与挫折时，才能发现快乐。

人之所以不知足，就是有着太多的虚荣心。俗话说，知足者常乐，但又有几个人能达到这样的境界？人不是因为拥有的东西太少，而是想要的东西太多。大千世界有着太多太多的诱惑，我们不可能不动心，不可能不奢望，不可能不幻想。

面对着诸多的诱惑，有多少人能把握好自己，又有多少人不会因此而迷失自己？但话又说回来，有了知足心，哪会有上进心？时代在发展，生活在继续，我们需要不断地去努力、去追求，如果只满足于现状，一味地沉浸在自己的知足里，那还有什么远大的理想和追求？

人之所以会心累，就是没有知足心。每个人对幸福的感觉和要求都不相同，一个容易满足、懂得知足的人就不会心累。曾经看到过这样一句话："幸福就如一座金字塔，是有很多层次的，越往上幸福越少，得到幸福相对就越难；越是在底层越是容易感到幸福，越是从底层跨越的层次多，其幸福感就越强烈。"幸福其实就是一种期盼，一种心灵的感受。

人之所以会心累累，就是想得太多。身体累不可怕，可怕的就是心累。心累就会影响心情，会扭曲心灵，会危及健康。其实每个人都有被他人所牵累、被自己所负累的时候，只不过有些人会及时

地调整，而有些人却深陷其中不得其乐。在这个充满竞争的社会里，有太多的难题和烦恼，要活得一点不累也不现实。

所以要学会适应，把手里的东西放下，不必过分在意别人的看法，不要把别人的行为结果当作自己的追求目标。只有这样，才能体验到生活本身的意义与快乐。

第十七章
算计何劳太精，吃亏其实是福

替别人着想，就是替自己打算

在人生的漫漫长河中，谁都会遇到各种各样的困难和波折，生活中某人现在的遭遇，极可能就是你以后遭遇的提前彩排。前进的路上，搬开别人脚下的绊脚石，有时恰恰就是在为自己铺路。从某种意义上讲，替别人着想，就是在替自己打算。

宋真宗时，一次皇宫发生火灾，宰相王旦马上向宋真宗请罪说："臣身居宰相之职未能尽责，应该被罢免。"宋真宗为此下了罪己诏书，并没有解除王旦的职务。

后来，经查证这次火灾是荣王的宫中火蔓延所致，并不是天灾，为此还抓捕了一百多人，准备处以死刑。王旦独自请求宋真宗说：

"火灾发生后，陛下已下了罪己诏公布天下，臣等也都上书请求问罪受罚，倘若归罪给别人，就显不出朝廷的信义了。虽然火灾已有了线索，难道就能断定那不是天降的灾祸吗？"

宋真宗十分生气，说道："这场大火损失甚巨，两朝积下的财物差不多烧光了，那些人一定要处死。"

"陛下拥有天下这样的财富，财货布帛不必忧虑，所忧虑的应该是政令上赏罚不当，陛下没有仁恕之心。如果陛下宽大为怀，世人一定会感念陛下的大恩。"

王旦的努力没有白费，他终于说服宋真宗改变了主意，使那些本当论罪处死的人都被赦免了。当时，寇准为王旦下属官吏，他却常常指责王旦，言行十分不敬。王旦深爱其才，并不记恨。王旦的好友劝他找个办法好好地惩罚一下寇准。王旦笑着说道："寇准若不是大才之人，自不敢无礼犯上。他的缺点虽多，却也只是针对我个人的一些小事，我为国家选人用人，岂能因私怨而无端降罪于他呢？"

宋真宗一次对王旦说："你常常称赞寇准的优点，而他却总是说你的坏话，你真的不生气吗？"

王旦诚恳答道："臣身居宰相之位时间很长了，在处理政事上难免有疏忽和错误的地方。寇准才高眼锐，对陛下没什么隐瞒，足见他忠直的品格。何况为官者若无宽恕之心，必陷入钩心斗角之中，永无宁日，这便与国不利了，臣不想这样。"

寇准知道此事后，十分羞愧，他向王旦谢罪，王旦却不接受，只劝他为国尽力，切不要以此为意。

后来，寇准被罢免枢密使，他派人私下到王旦那里谋求使相的职位，不料王旦却一口回绝说："国家官职，岂可私授予人？我深爱寇准其才，却也不能做这种有违国法的事。"

寇准心中不满，对手下人说："王旦假仁假义，我险些让他骗了。"

时间不长，便有诏命任用寇准为武胜军节度使、同中书门下平章事。寇准喜不自禁，拜见宋真宗时连道："若不是陛下施恩垂怜，臣哪里会有今日之荣呢？还是陛下了解臣啊！"

宋真宗摇头说："非朕施恩于你，乃是王旦极力推荐，他力言你才堪大用，这或许是你万想不到的吧？"

寇准为此悔恨难当，从此自认不如王旦，对他十分恭敬听命了。王旦也因做事处处从大局出发，为他人着想，而赢得了众人的尊重和信服，自己身居宰相处理国务也能人人为其效力，真心卖命。

有一句名言叫作"凡真心帮助别人的，没有不帮助到自己的"。

自己成功了，且处处帮人一把。这样因为不断地施予，所以也能不断地获得。成功因此而恒久。

英国思想家培根也说过："仅热爱自己的人，实质就是公众的敌人。"

然而，在现实生活中，有些人做事总是先替自己打算，自私自利，理所当然地他们也容易受到社会的痛斥。而对于不怕吃亏，为他人着想的人，他们的行为实际上具有一种道德示范作用，最终会得到意想不到的帮助和回报。

最大的危机就是最大的转机

我们用什么眼光看世界，世界就会以什么方式回应我们的观点。我们只要转换看问题的角度，我们的世界将会变得不一样。任何事情都有其两面性，所以当我们遇到不好的事情时，应该让思维转个弯儿，绕到另一面去看。

面对危机也是一样，现实中危机常在，而巧度危机的智慧并不常在，只要我们让思维转个弯，换个角度去思考一下身处的境况，往往就能化危机为转机。这就是我们常听到的"机会就在危机后面"，"危机是幸运的伪装"。这不仅是一句简单的安慰人的话，而是包含了智慧的人生哲理。一个优秀的人总是善于应对危机，化险为夷，更能在危机中寻求商机，趁"危"夺"机"。

古往今来，由危机变转机的事例不在少数。

南宋绍兴十年七月的一天，杭州城最繁华的街市突然失火，并且火势蔓延极为迅猛，转眼间，数以万计的房屋商铺便置身于汪洋火海之中变为废墟。有一位裴姓富商，苦心经营了大半生的几间当铺和珠宝店，也恰在那条闹市中，看着火势越来越猛，他大半辈子的心血也将毁于一旦，但是他并没有让伙计和奴仆冲进火海，舍命抢救珠宝财物，而是不慌不忙地指挥他们迅速撤离，一副听天由命的神态，让众人极为不解。然后他不动声色地派人从长江沿岸平价购回大量木材、毛竹、砖瓦、石灰等建筑用材。当这些材料像小山一样堆积起来的时候，裴姓商人又归于沉寂，整天品茶饮酒，逍遥自在，好像商铺失火压根儿与他毫无关系。大火烧了数十日之后被扑灭了，但是曾经车水马龙的杭州，大半个城已是墙倒房塌一片狼藉。不几日朝廷颁旨：重建杭州城，凡经营销售建筑用材者一律免税。于是，杭州城内一时大兴土木，建筑用材供不应求，价格陡涨。裴姓商人趁机抛售建材，获利巨大，其数额远远大于被火灾焚毁的财产。这虽是一个久远的特例，但蕴含其中的经营智慧却是亘古不变的。

有时危机中也潜藏着最大的转机，化险为夷，化不利为有利，抓住机会成就大事业。

在1999中国年台湾"9·21"大地震中，安泰人寿保险公司总经理潘昌大胆决策，在1999年9月23日，即重创中国台湾的"9·21"大地震两天以后，潘昌在全台死伤人数尚未确定之际宣布：安泰人寿将不限名额、认领所有地震孤儿直至20岁成年，每月发给一万元台币津贴，继续升学的儿童一直抚养到大学毕业。在灾情一片混

沌的慌乱时刻，这家企业却一肩扛下如此重大的责任，这是怎样的
一种魅力和情谊。至此之后，在中国台湾人的心中，安泰不再只是
一家保险公司，潘昌也不再只是一位企业家，而是像自己的亲人一
样。中国台湾安泰在危机中成功了。

人生在世，总希望时时顺利，心想事成。然而事实并非如此，
现实就是现实，危机和挑战常常会降临到我们身上。人从婴儿呱呱
落地，生于陌生之境，惊哭求生，乃一切危机之始，接下来的生理
成长，社交情谊，创业守业，聚别欢忧都无一不存在着危机。

而所谓"危机"，其实包含着两个方面的内容——"危险"和
"机遇"。只是大多数人习惯性地只看到"危险"，而看不到"机
遇"。危机已经发生，不要叹息、不要沮丧，我们所要做的就是
用心去捕捉危机中的转机，从而走向一个新的开始，走向更美好
的未来。

而逃避危机的人，换得了暂时的"一帆风顺"，似乎很得意，
然而也失去了最大的祝福，"幸运"使他们躲避了危机，也错过了
机遇，他们只能倚靠命运的主宰，完全没有了自己对生命的操控力。

所以我们对危机应当保持乐观积极的态度，所有的危机都是一
个转机，最大的危机就是最大的转机。趁"危"夺"机"觅财富之
人，也可谓是有胆有谋之士，他们险中求富这招是险招，但却实实
在在是转危为机之妙招。

吃下的是亏，得到的是福

吃亏是福不是祸。面对艰难的处境，智者信奉"吃亏"哲学，
就因为吃亏是一种谋略，吃亏就是占便宜，不计较眼前的得失而着

眼于大目标。

吃亏本身并不是一件坏事，吃了眼前的"亏"，会把事情做得更好。吃亏一事，得益十事；吃亏一时，才可能安乐一世。

因此，对于蛮横的人，不要去和他斤斤计较，就让他一步，自己吃点亏，有了这种度量的人肯定会快乐，人际交往也会很顺利。

邓绥是东汉和帝刘肇的皇后。她自幼性格柔顺，5岁的时候，有一次，祖母为她剪发，由于老眼昏花，不小心将她的额头碰破，邓绥强忍着疼痛，一声不吭，别人问她："你这样不知道疼吗？"邓绥答："不是不知道疼痛。祖母疼爱我，我若喊痛，就会伤她老人家的心，所以我忍住了。"这件事反映出邓绥屈己慰人的品格。

永元七年邓绥被选入宫，成为和帝的贵人。第二年，另一个贵人阴氏身为贵戚被立为皇后，从此，邓绥格外谦卑小心，一举一动皆遵法度，对待与自己同等身份的人，邓绥常常克己下之，即使是宫人隶役，她也不摆主子的谱。有一次，邓绥得了病。当时宫禁甚严，外人不能轻易进宫，和帝特别恩准邓绥的母亲兄弟进宫照顾，并且不做时间上的限制。邓绥知道后，便对和帝说："宫廷禁地，对外人限制极严，而让妾亲久留宫内很不合适，人家会说陛下私爱臣妾而不顾宫禁，也会说我受陛下恩宠而不知足，这对陛下和臣妾都没有好处，我真不愿意您这样做。"和帝听后非常感动，说："别的贵人都以家人多次进宫为荣，只有邓贵人以此为忧，这种委屈自己的做法是别人比不了的。"从此对邓绥更加宠爱了。

邓绥得到和帝越来越多的宠爱，不但没有骄傲，反而更加谦卑。她知道阴氏的脾气，也隐隐约约感到阴氏对她的忌恨，所以对阴氏更加谦恭，每次皇帝举行宴会，别的嫔妃贵人都竞相打扮，只有邓绥独穿素服，丝毫没有装饰。当她发现自己所穿的衣服颜色有时和阴氏相同时，立即就会更换。若与阴氏同时晋见，从不敢正坐。和帝每次提问，邓绥总是让阴氏先说，从不抢她的话头。

邓绥以自己的谦恭进一步赢得了和帝的好感，也反衬出皇后阴氏的骄横。面对邓绥的地位一天比一天高，自己一天天的失宠，阴氏十分恼怒。永元十四年阴氏制造巫蛊之术，企图置邓绥于死地，不料阴谋败露，阴氏被幽禁，后忧愤而死。

阴氏死后，和帝有意立邓绥为皇后，邓绥知道后，自称有病，深处宫中不露，以示辞让。这下反而坚定了和帝立后的决心，他说："皇后之尊，与朕同体，上承宗庙，下为天下之母，只有邓贵人这样有德之人才可承当。"永元十四年冬，邓绥终于被立为皇后。

邓绥以谦让的态度赢得了和帝的宠爱，当上了皇后，而阴氏骄横，吃不得眼前之亏，结果却是失宠、愤怨而死。从这一成败之间，我们不难看出谦让为怀者的智慧。

可见，凡平民百姓，最难得吃的亏是财，最难得忍受的是气，往往被气所激，为财所迷，落得个不可收拾的局面来。一打官司，难免为了争个输赢而打点官府衙门，大多是丢了西瓜，捡个芝麻，为人耻笑，自己也倾家荡产。这样的事情，两相争必相伤，两相和必各保，实在不值得争赢斗狠，惹下深仇大恨。

其实，在人生的历程中，有时吃亏和免灾是互为存在的。有些事情当时即使真的受益了，最终却可能遭遇大祸损失更多；有些事情当时可能吃了点亏，但事后仍有可能出现一个极其受益的结果。

天地轮回，走向平衡是自然发展的趋势，这不无道理，人生的祸福往往是对半存在的，占点便宜未必就能给你增添很多欢乐，忍让一下也可能就会免去很多的灾害。

忍让的人非但于顺境中能和气待人，与人结善，同时，当他们身处逆境之时，依然能够凭借良好的心态，化解人际风波，赢得安宁。

在我们平时的生活中，很多人思想里存在着不愿吃亏的念头，只要遇到别人侵犯到自己的利益时，便会大发雷霆，大动干戈。但这绝不是维护自己利益的上策，甚至还会因此而陷入了别人的陷阱。

面对遇到的"亏"，我们当看到的是：普通的人不愿吃亏，聪明的人甘于吃亏，智慧的人会吃亏。把吃亏当作一种福气，是一个人思想的最高境界了。

忍得辱中辱，成得人上人

一个人能"忍"的程度也是他可"负"的程度，成大事者莫不是从危机四伏的人性丛林中杀开一条生路，其间所受之辱超乎想象。但正是如此，这般屈辱使他们百忍成金，磨砺似钢，挑起常人挑不起的重担，走上成功之路。

范雎是战国时期政治舞台上一位十分著名的政治家、外交家，而他走上政治舞台却历尽了坎坷。

他原是魏国人，早年有意效力于魏王，由于出身贫贱，无缘直达魏王，便投靠在中大夫须贾的门下。

有一年，他随须贾出使齐国，齐襄王知范雎之贤，馈以重金及牛、酒等物，范雎辞谢没有接受。须贾得知此事后，以为范雎一定向齐国泄露了魏国的秘密，便将此事报告了魏的相国魏齐。魏齐不问青红皂白，令人将范雎一阵毒打，直打得范雎肋断齿落。范雎装死，被用破席卷裹，丢弃在茅厕中。须贾目睹了这一幕，不置一词，还往范雎的身上撒尿。

　　范雎强忍着一时之气。他待众人走后，从破席中伸出头对看守茅厕的人说："公公若能将我救出，以后定当重谢。"守厕人便去请求魏齐，允许让他将厕中的"尸体"运出。

　　范雎历经千辛万苦来到了秦国都城咸阳，并改名换姓为张禄。此时的秦国正是秦昭王当政，而实际上控制大权的却是秦昭王之母宣太后以及宣太后之弟穰侯、华阳君和她的另外两个儿子径阳君、高陵君。这些人以权谋私，秦昭王完全被蒙在鼓里，形同傀儡。

　　但范雎看出秦国是最具实力的国家，秦昭王也不是一个无所作为的国君。几经周折，范雎终于见到了秦昭王。他以其出色的辩才向秦昭王指出秦国政策的失误，并提出了自己内政外交等一系列主张。

　　秦昭王立即采取果断措施，废太后，驱逐穰侯、高陵、华阳、径阳四人于关外，将大权收归己有，并拜范雎为相。

　　范雎所提出的外交政策，便是闻名于后世的"远交近攻"，而他所要进攻的第一个目标，便是他的故国魏国。

　　魏国大恐，派使臣须贾来向秦国求和。不过，须贾只知道秦的相国叫张禄，而不知他就是范雎。

　　范雎得知须贾到来，便换了一身破旧衣服，也不带随从，独自一人来到须贾的住处。须贾一见大惊，问道："范叔别后还好吗？"范雎道："勉强活着吧！"须贾又问："范叔想游说于秦国吗？"范雎道："没有。我自得罪魏的相国以后，逃亡至此，哪里还敢游说。"须贾问："你现在干什么呢？"范雎道："给别人帮工。"须贾不由得起了一丝怜悯之情，便留范雎吃饭，说道："没想到范叔贫寒至此！"同时送给他一件丝袍。

　　席间，须贾问："秦的相国张禄，你认识吗？我听说如今天下之事，皆取决于这位张相国，我此行的成败也取决于他，你有什么朋友与这位相国认识吗?"范雎道:"我的主人同他很熟,我倒也见过他,我可以设法让你见到相国。"

第二天,范雎赶来一辆驷马大车,并亲自当驭手,将须贾送往相国府。进入相府时,所有的人都避开,须贾觉得十分奇怪。到了相府大堂前,范雎说:"你等一下,我先进去替你通报一声。"

须贾在门外等了好久,也不见有人出来,便向守门人问道:"这位范先生怎么这么半天也不出来?"这时才明白刚才拉他进来的"范先生"就是他要找的相国。

须贾大惊失色,于是脱衣袒背,一副罪人的打扮,请守门人带他进去请罪。范雎雄踞堂上,身旁侍从如云。须贾膝行至范雎座前,叩头道:"小人有必死之罪,请将我放逐到荒远之地,是死是活都由大人安排!"范雎问:"你有几罪?"须贾说:"小人之罪多于小人之发。"范雎道:"你有三大罪:我生于魏,长于魏,至今祖先坟茔还在魏,我心向魏国,而你却诬我心向齐国,并诬告于魏齐,这是你的第一大罪。当魏齐在厕中羞辱我时,你不加阻止,这是你的第二大罪。不止如此,你还乘醉向我身上撒尿,这是你的第三大罪。我今天之所以不处死你,是因为你昨天送了我一件丝袍,看来你还没忘旧情,我可以放你回去,不过你替我转告魏王,赶快将魏齐的脑袋送来!要不然,我就要发兵血洗魏都大梁城!"

魏齐吓得仓皇出逃,可赵、楚等国畏于秦国的兵威,谁也不敢收留他,魏齐终于被迫自杀。

忍人之不能忍,方能成别人所不能成之事。人生难免会遇到困难和挫折,只要你能忍受挫折中的屈辱和痛苦,将挫折当成成功来临前的磨砺,并以此自勉,一旦东山再起,就会爆发出巨大的力量。

有时不妨拿自己开开玩笑

自嘲，就是拿自己开玩笑，既可以使自己摆脱尴尬的境地，又可以抬高了别人，消除误会，博得他人的好感。当然自嘲不仅需要为人机智和谦逊，更需要很大的勇气。下面两则历史典故就是古人自嘲而摆脱困境的典范。

晋朝时，大臣满奋一次陪同晋武帝，坐在靠近北窗的地方。满奋生性怕风，而北窗是用琉璃制成的，虽然琉璃的质地很密，根本不透风，但看起来却是一点不挡风的样子。虽然只是心理作用，但满奋还是很怕被北风吹着了，当着皇帝的面，又不好启口换个座位，因而显得局促不安。

晋武帝看他的神态，知道他是怕风，便告诉他不会透风，没有关系。满奋很不好意思，自嘲说："臣就像南方的水牛，怕热怕惯了，看见月亮也疑心是太阳，不由得喘起粗气。"这便是成语"吴牛喘月"的出处。

满奋以水牛比喻自己，把自己的过分紧张形容得十分形象，表现了坦诚忠实的品格，因此得到了皇帝的信赖和好感。

南齐的王僧虔、王慈父子书法都很好，在南齐都很有名。有一次，谢凤问王慈："你的书法是不是可以赶上虞公？"

王慈回答："我赶不上，就好比鸡永远比不上凤凰一样。"

王慈把自己比作鸡，把父亲比作凤凰，一个飞翔九天之外，一个土堆中觅食，高下优劣，显然可知。他贬低了自己，却褒扬了父亲，化解了父子争高下的尴尬局面。

人生难免会遭遇到一些意想不到的尴尬事，这时候你不妨自嘲一下，在自嘲的轻松幽默中化解尴尬。而且，自嘲可以缩短人与人之间的距离，增进人与人之间的亲切感。一句自嘲的话可使人消除心理防线，从充满敌意变成亲切友好。可见，一个懂得自嘲的人，也会是一个活得比较轻松、睿智的人。

吃后退的亏，赚道义的福

有进有退，能屈能伸，这是成功的必要条件。那种"一往无前"，只知横冲直撞的人仅仅是武夫莽汉，表面上英勇，实则成事不足，败事有余。而若懂得暂时吃亏，后退一步，表面上是让敌人占了便宜，实则是赢得了道义上的支持、民众的好感，胜利之杠杆早已向自己一方倾斜。

战国时候，有一次赵王派了孔青带领大军救援禀丘。孔青是员猛将，加上足智多谋的宁越辅佐，所以赵军一战大败齐军，击毙了齐军统帅，并俘获战车两千辆。战场上留下了三万具齐军尸体，孔青决定把这些尸体封土堆成两个大高丘，以此彰明赵国的武功。

宁越劝阻道："这样做太可惜了，那些尸体可以另有用处。我看不如把尸体还给齐国人。这样做可以从内部打击齐国，从而让齐军不再侵犯！"

"死人又不可能复活，怎么能从内部打击齐国呢？"孔青有些不明白了。

宁越说："战车、铠甲在战争中丧失殆尽，府库里的钱财在安葬战死者时用光了，这就叫作从内部打击他们。我听说，古代善于用兵的人，该坚守时就坚守，该进退时就进退。我军不如后退三十里，给齐国人一个收尸的机会。"

孔青大致明白了宁越的用意，但转念一想，又说："但是，齐国人如果不来收尸的话，那又该怎么办呢？"

"那就更好了，"宁越胸有成竹地说，"作战不能取胜，这是他们的第一条罪状；率领士兵出国作战而不能使之归来，这是他们的第二条罪状；给他们尸体却不收取，这是他们的第三条罪状。老百姓将会因为这三条而怨恨齐国的高官将领。居于高位的人也就无法役使下面的人，而下面的人又不愿侍奉居于上位的人，这就叫作双重打击齐国！"

孔青终于明白了宁越的良苦用心。果然不出所料，齐国因此而元气大伤，很长一段时间都不能对外用兵。

宁越的主张看起来好像并不是那么咄咄逼人，似乎还有点软弱，在向齐国让步，殊不知，这里面大有文章，表面上的退步其实是为了换取更长远的进步。在现实中与人发生争执时，我们若也能主动先退一步，看似吃了点亏，其实人心便会立马向我们一方倾斜，对方若是得寸进尺便是无理蛮横，若是也自愧退让，岂不大事化小，相安无事？

最先吃亏的往往最后得大益

在生活中，一些人的目光只会停留在眼前利益上，无论做什么都不舍一分一厘，只求自己独吞利益。常常因一时赚得小利，而失去了长远之大利。可谓捡了芝麻，丢了西瓜。可见最先尝到甜头的人未必到最后也饱尝硕果，倒是最先吃亏的人有可能最后得大利。

东汉时期，有一个名叫甄宇的在朝官吏，时任太学博士。他为人忠厚，遇事谦让，人缘极好。有一年临近除夕，皇上赐给群臣每人一只外番进贡的活羊。

具体分配时，负责人为难了：因为这批羊有大有小，肥瘦不均，难以分发。大臣们纷纷献策：

有人主张抓阄分羊，好孬全凭运气；

有人主张把羊通通杀掉，肥瘦搭配，人均一份；

……

朝堂上像炸开了锅，七嘴八舌争论不休。这时，甄宇说话了："分只羊有这么费劲吗？我看大伙儿随便牵一只羊走算了。"说完，他率先牵了最瘦小的一只羊回家过年。

众大臣纷纷效仿，羊只很快被分发完毕，众人皆大欢喜。

此事传到光武帝耳中，甄宇得了"瘦羊博士"美誉，称颂朝野。不久在群臣推举下，他又被朝廷提拔为太学博士院院长。

甄宇牵走了瘦小的羊，从表面上看他是吃了亏，但是，他却得到了群臣的拥戴，皇上的器重。实际上，甄宇是占了大便宜。故意吃亏不是亏，而是有着深谋远虑的精明之举。吃小亏占大便宜，古今亦然。

那么在人生中，是看到眼前的比较直接的"小利益"，还是把眼光放长远一些，发现更大，但可能比较隐蔽的"大利益"呢？这可是个很大学问，也掩藏了很深的潜规则。

很多人往往见便宜就想捡，生怕自己吃一丁点儿亏，这样一来使自己的路越来越窄，也很难有大便宜到手。聪明的人则懂得如何吃亏，自己吃了点亏，让别人得利，就能最大限度调动别人的积极性，使自己的事业兴旺发达。但是吃亏也是有技巧的，会吃亏的人，亏吃在明处，便宜占在暗处，让你感激不尽。由此，善于吃亏也是占"大便宜"的一种博弈智慧，也是对得失潜规则的很好应用。

第十八章

放下，刹那花开

世上没有后悔药

人生的道路上有许多岔路，有人选择了平坦的路，有人选择了崎岖的路。自己选择的路就不要后悔，因为这一切是自己的选择。犯了的错已经无法挽回，只能去弥补，亡羊补牢为时不晚，我们不应该为一时的错而一直不前，一直后悔。

西楚霸王乌江自刎前，他也后悔了，他后悔他没有听从亚父的话，他后悔他不接受劝告。但后悔又有什么用呢？一切都晚了，一代枭雄的身躯倒下了。

人之所以痛苦，是因为被错误的东西羁绊了快乐的脚步，既然不开心，就要放下，放下不等于放弃，只不过是将自己引导到一条更正确的路上，更坚定地走向前方。

已经放下了，就不要后悔；后悔不已，就会放不下。后悔只会让人懊恼，久久不愿走出过去，可是人生只有奋斗出来的美丽，没有等出来的辉煌。

一弯新月悬挂天空，我们错过了凝视；一程风景荫璇幽然，我们错过了欣赏。错过是无奈的，遗憾是无法弥补的，世界上没有后悔药可卖，所以不要再沉浸在过去了。

有些机会既然错过了，就别后悔。生活其实就像爬山一样，上山的路线有很多，只要选择一条坚持走下去就好，最怕的就是登到半山腰，再怀疑，再后悔，然后重新修改路线，这样就会延误前进的脚步。只要预先看准了，只要路是通的，就要走下去。

法国作家蒙田说：如果容许我再过一次人生，我愿意重复我的生活。因为，我向来就不后悔过去，不惧怕将来。

是的，人不能总活在后悔中，不要等亲人离世时，才后悔没有尽到孝心；不要等失去了为自己"两肋插刀"的知己时，才后悔没有好好珍惜这份友情；不要等生命中那个真正爱你的人离开时，才后悔没有好好珍惜他的爱。

错误并不可怕，可怕的是不知改正。然而那些只顾反悔而不知改正的人终将走向失败。能悔者则要能改之，但也有许多人悔而不改。我们在做了错事以后，首先不是去后悔自己为什么犯错，而是要找出犯错误的原因，然后改正，不要一味地后悔消沉。

人的生命是有限的，不要把美丽的时光浪费在后悔中，后悔是于事无补的。这世上有无数的机缘、巧合和邂逅，有无数的人生际遇，我们错过的又何止一个？但我们可以从现在开始，去掌管每一次属于自己的机缘，只有把握好现在，才不会制造下一个"后悔"。

这一生中有许多东西你都会错过，不管你愿不愿意，唯有放下对过去的"后悔"，才能让自己轻装上路。

得不到的就放手，抓不到的就转身

我们都曾经以为，有些事情我们不会放手：不会去放弃一个人，不会去离开一个人，更不会去让一个人离开我们自己。是的，我们也许不只一次地对自己和他人说过："我不会放手。"还有那句经典的台词"不抛弃、不放弃"。

其实可以做到吗？如果我们要强留，拽死了不放手，到头来只会伤痕累累、心神疲惫，苦了自己，害了别人。所以，学会一种叫作放手的心态，或许就可以解脱自己，同时也解放别人。

生活中，再好的东西都有失去的一天，再深的记忆也有淡忘的一天，再爱的人也有远走的一天，再美的梦也有苏醒的一天，所以该放手的绝不挽留，该珍惜的绝不放手。

世事总是无常，现实与虚幻的冲突总是让我们陷入两难的境地。原以为可以一直握在手心的东西，却不曾想有些人、有些情，却不得不放手。放手的那一刻，或多或少带走了现实的美好情感和追求。于是，没有了快乐，多了那么一份留恋与不舍，在迷茫和抗拒中最终模糊了最初的愿望，偏离了最初的航向。当苦痛多于快乐、当复杂胜于简单，我们开始明白，生活中有很多事需要我们学着主动去放手。

人要学会放手，这是因为想要的东西太多了，而我们手的容量是有限的，不能抓住这么多的东西；人要学会放手，这是因为人从出生时就开始了握拳头，但离开时却很不情愿地把两手伸得很外；人要学会放手，这是因为人世间有太多的眷恋，但什么都带不走。我们何不从现在就学会放手呢？

当一段感情不再属于你的时候，你可以做一个深呼吸，在大海旁大声倾吐，把那些不能遗忘的昨天丢进海里。爱情不一定非要永恒美好，但要随时保持清醒的头脑。

如果你不爱一个人，抓在手中还有什么意义？那就请放手，好让别人有机会爱他。如果不爱你的人放弃了你，那么请放开自己，并告诉自己，离开不爱自己的人是一种解脱，这样你就有机会找到真正爱你的人了。

有的东西你再喜欢也不属于你，有的东西你再留恋最后也注定要放弃，人生中有许多种爱，值得珍惜的东西有很多，何必为了一件心爱之物而放弃了身边的似锦繁花？有些缘分注定是要失去的，有些缘分永远都不会有结果。

时日渐远，当自己回望过去时会发现，曾经以为不可放手的东西只不过是生命里的一块跳板，所有的哀伤、痛楚，所有的誓言、眼泪，不过是生命里的一个过渡，只有跳过去，生命才会变得更加精彩。

放下包袱，你才能走得更远

人生就是一场旅行，我们一路走来，一程一程向前赶，每一程都会有不同的包袱压在肩头，直到我们不堪重负、无法喘息……是否可以选择另一种方式，卸下心中的包袱，就当是丢一件没用的行李一样将它丢掉，然后轻松地赶每一程路？

一对靠捡破烂为生的夫妻，每天一早出门，拖着一部破车到处捡拾破铜烂铁，等到太阳下山时才回家。他们回到家的时候，就在门口的院子里摆上一盆水，搬一张凳子把双脚浸在盆中，然后拉弦唱歌，唱到月正当空、浑身凉爽的时候他们才进房睡觉，日子过得非常逍遥自在。

他们对面住了一位很有钱的员外，他每天都坐在桌前打算盘，算算哪家的租金还没收，哪家还欠账，每天总是很烦。他看对面的夫妻每天快快乐乐地出门，晚上轻轻松松地唱歌，非常美慕也非常奇怪，于是问他的伙计说："为什么我这么有钱却不快乐，而对面那对穷夫妻却会如此的快乐呢？"

伙计听了就问员外说："员外，想要他们忧愁吗？"

员外回答道："我看他们不会忧愁的。"

伙计说："只要你给我一贯钱，我把钱送到他家，保证他们明天不会拉弦唱歌。"

员外说："给他钱他一定会更快乐，怎么说不会再唱歌了呢？"

伙计说："你尽管给他钱就是了。"

员外果真把钱交给伙计，当伙计把钱送到穷人家时，这对夫妻拿到钱以后真的很烦恼，那天晚上竟然睡不着觉了。想要把钱放在家中，门又没法关严；要藏在墙壁里面，墙用手一扒就会开；要把它放在枕头下又怕丢掉；要……他们一整晚都为这贯钱操心，一会儿躺上床，一会儿又爬起来，整夜就这样反复折腾，无法成眠。

妻子看丈夫坐立不安，也被惹烦了说："现在你已经有钱了，你又在烦恼什么呢？"

丈夫说："有了这些钱，我们该怎样处理呢？把钱放在家中又怕丢了，现在我满脑子都是烦恼。"

隔天一早他把钱带出门，在整条街绕来绕去不知要做什么好，绕到太阳下山，月亮上来了，他又把钱带回家，垂头丧气地不知如何是好。想做小生意不甘愿，要做大生意钱又不够，他向妻子说："这些钱说少却也不少，说多又做不了大生意，真正是伤脑筋啊！"

那天晚上员外站在对面，果然听不到拉弦和唱歌了，因此就到他家去问他怎么了，这对夫妻说："员外啊！我看我把钱还给你好了。我宁可每天一大早出去捡破烂，也比有了这些钱轻松啊！"这时候员外突然恍然大悟，原来，有钱也是一种负担。

所以，放下沉重的包袱择精而担，量力而行，这样的人生才是轻松而快乐的。

放下仇恨，心灵才能自由平和

仇恨是什么？是对过去的按图索骥，还是惩罚自己的利器？

很多人说忘记过去就等于背叛，忘记过去的仇恨到底是对仇人的宽容还是对自己的释放？

有这样一个故事：法正是一位德高望重的老禅师，每年都有成千上万的人去请他解答疑问，或者拜他为师。这天，寺里来了几十个人，全都是心中充满了仇恨而因此活得痛苦的人。他们跑来请法正禅师替他们想一个办法，消除心中的仇恨。

法正禅师听说了他们的痛苦后，笑着对他们说："我屋里有一堆铁饼，你们把自己所仇恨的人的名字一一写在纸条上，然后一个名字贴在一个铁饼上，最后再将那些铁饼全都背起来！"大家不明就里，都按照法正禅师说的去做了。于是那些仇恨少的人就背上了几块铁饼，而那些仇恨多的人则背起了十几块，甚至几十块铁饼。

一块铁饼有两斤重，背几十块铁饼就有上百斤重。仇恨多的人背着铁饼难受至极，一会儿就叫起来了，"禅师，能让我放下铁饼来歇一歇吗？"法正禅师说："你们感到很难受，是吧！你们背的岂止是铁饼，那是你们的仇恨，你们的仇恨你们可曾放下过？"大家不由地抱怨起来，私下小声说："我们是来请他帮我们消除痛苦的，可他却让我们如此受罪，还说是什么有德的禅师呢，我看也就不过如此！"

法正禅师虽然老了，但却耳聪目明，他听到了一点儿也不生气，反而微笑着对大家说："我让你们背铁饼，你们就对我仇恨起来了，可见你们的仇恨之心不小呀！你们越是恨我，我就越是要你们背！"有人高声叫起来："我看你是在想法整我们，我不背了！"那个人说着当真就将身上的铁饼放下了，接着又有人将铁饼放下了。法正禅师见了，只笑不语。终于大部分人都撑不住了，一个个悄悄地将身上的铁饼取些出来扔了。法正禅师见了说："你们大家都感到无比难受了，都放下吧！"大家一听立即就将铁饼放了下来，然后坐在地上休息。

法正禅师笑着说："现在，你们感到很轻松，对吧！你们的仇恨就好像那些铁饼一样，你们一直把它背负着，因此就感到自己很难受很痛苦。如果你们像放下铁饼一样放弃自己的仇恨，你们也就会如释重负，不再痛苦了！"大家听了不由得相视一笑，各自吐了一口气。法正禅师接着说道："你们背铁饼背了一会儿就感到痛苦，又怎能让仇恨背负一辈子呢？现在，你们心中还有仇恨吗？"大家笑着说："没有了！您这办法真好，让我们不敢也不愿再在心里存半点儿仇恨了！"

法正禅师笑着说："仇恨是重负，一个人不肯放弃自己心中的仇恨，不能原谅别人，其实就是在仇恨自己，自己跟自己过不去，自己让自己受罪！仇恨越多的人，他也就活得越痛苦。一个人没有仇恨之心，他才能活得快乐！"大家恍然大悟。

所以，请放下仇恨吧，这样你才能获得快乐平和的心境。

放下烦恼，快乐其实很简单

大千世界，芸芸众生，为事业、为家庭、为名利、为爱情……为了得到更多一些，为了生活得更好一些，每个人每天都在打拼、都在疲于奔命。然而，巨大的生活压力、复杂的人际关系，困惑的现在、莫测的前程让很多人逐渐忘却了生活的本质，远离了做人的本性，不知如何面对这喜忧参半的尘世纷争。最终只能望幸福而兴叹，也失却了做人的潇洒从容。原因就在于我们过于强调"天行健，君子以自强不息"的古训，却忽略、忘却甚至是不屑一顾老祖宗留给我们的另一处世哲学——放下的智慧。

其实快乐无处不在，生活中的每一个点滴都是最简单的快乐。可是，当我们随着成长的脚步迈入成熟后，就不再像小时候那么容易快乐，反而觉得很多简单的快乐是幼稚的事情。忽视了简单生活的快乐，是因为我们在追求名利物质的路上蒙蔽了单纯的眼睛，看不到快乐的方向。而当我们真正实现了自己所谓的伟大目标后，却已是疲惫不堪、伤痕累累，于是心灵备感空虚，抱怨生活总是充满艰辛。

其实快乐到底有多难呢？

快乐不过就是晚饭后一家人围坐电视机旁有一搭没一搭地闲聊；

快乐不过就是和三两知己一起小叙小聚、畅饮神侃、回忆往昔；

快乐不过就是清晨泡一杯清茶或者咖啡；

快乐不过就是在某个周末与家人相伴出游，对着蓝天白云，张开双臂，尽情感受大自然的气息。

对于快乐的理解，不同的人有不同的诠释。但无论是什么样的理解，其实真正的快乐就是"简单"两个字。把复杂的事情简单化，就是快乐的人生；把简单的事情复杂化，那就是郁闷的人生。

生活上真正复杂的地方并不是很多，把生活复杂化的根源是人的主观思维在作祟。这便是所谓的"天下本无事，庸人自扰之"。

烦恼往往是自己臆想出来的，本是简单的事，却越想越复杂，考虑这担心那的，活着岂能不累？不去胡思乱想，省心了就不累了，看生活中的一切也就不再复杂了。

使生活复杂化的罪魁祸首是人的欲望，因为欲望是无止境的，总是想得到更多的东西。欲望越多，烦恼也就越多。

所以，放下心里那些烦恼吧，真正的放下，来源于内心的安定与冷静的自持。在自己心情低落之时，选一个阳光能照得到的地方，搬一把躺椅，拿一本杂志，拉开半卷的窗帘，莫扎特如水般清澈的音乐便会温柔地将你包围。偶尔，也可以泡上一杯清茶，即使不喝，那袅袅升起的茶香也会让你的烦恼融化在温暖的阳光里。

放下过去，才能重新开始

人呱呱坠地时，一切都是个崭新的开始：新的生命、新的希望、新的惶恐、新的未来……渐渐长大后，有了自己理解事物的能力，有了自己的思想和头脑，你说："我要重新开始选择自己的路了，人生要有一个新的开始……"

当你慢慢融入社会，经历了挫败后，你说："我要重新开始，人生又是一个新的跃进……一个人的　生不知道会有几个重新开始，会有多少无法预料的事故发生。"

其实，重新开始并不可怕，重新开始是一种对生活的反思和顿悟，是对未来的摸索和感知，真正可怕的是无法"放下"不能"开始"的人生。

人生的道路不可能总是鸟语花香，在过去的生活中，我们有过成功，也有过失败；有过欣喜，也有过悲伤；遭受过狂风暴雨的肆虐，也接受过清风口立的沐浴。但无论是经历过失败、痛苦，还是遭受过暴风雨的摧残，所有的这些，在经过我们心灵沉淀以后都会变成宝贵的财富。有了这笔财富，人生随时都可以重新开始。

可为什么，有时我们明明知道自己错了，还是要继续错下去，或是已深陷痛苦之中，却仍然不愿逃离呢？如果明知这条路不适合自己，再走下去的结果也只是枉然，何不立即舍弃重新开始呢？

人生随时都可以重新开始，没有年龄限制，更没有性别区分，只要我们有决心和信心，梦想即使到了 70 岁也能实现。

生活就是这样，不停地反反复复，无论昨天、前天发生了怎样的失意与挫败，今天都要让自己满怀希望、信心百倍地重新开始生活，不在失意中徘徊踌躇，不在挫败的阴影下悲观失望，努力进取，完善自己的幸福人生。

在重新开始的征途中取得宝贵的经验财富，从此我们在前进的道路上就会轻车熟路、不走弯路。重新开始我们的人生不是妥协，而是一种不断地探索，是为了更精准地把握好以后的道路，不要再让失败和痛苦降临，不要再让良好的机会从我们手边悄然溜走。

所以，人生就是不断重新开始的过程。无论昨天是鲜花掌声，还是一败涂地，今天都可以重新开始。

要擅于适时放弃

我们的每一天都是在纷繁复杂的各种情境中度过的，如何把握每一天的机会丰富自己的人生，心态是至关重要的。

每个人赖以生存和发展的空间、可供利用的资源，正如果树为维持生命所需的土壤、水分和养料等一样，都是弥足珍贵和极其有限的。而在人生旅途中，每个人所处的条件和环境不同，其所作所为正如果树的枝枝叶叶，并非同等重要，其中有不少是无益甚至有害的。

这时，学会在适当的时候选择放弃的人，他的生命就会活出价值、活出质量、活出精彩。

有这样一个故事：

三个商人带着开采了十年的金子越洋归国，不幸遇到了暴风雨。一个商人为了保住金子而被大浪吞没；一个商人为了留下部分金子，最终与船同归于尽；最后一个商人则放弃了船上的金子，乘救生艇逃离了危险。后来他又带领船队，打捞出三条装金子的货船，拥有了三个人的财富。

当生活强迫我们必须付出惨痛的代价以前，主动放弃局部的利益而谋求整体的利益是最明智的选择。

19世纪中叶，美国加利福尼亚洲一带出现淘金热，17岁的农夫亚摩尔也想去碰运气。然而，后来他却由于放弃了淘金而发了大财。放弃淘金的原因很简单，就是亚摩尔发现金矿区气候干燥，找金子的人最痛苦的就是没有水喝。亚摩尔想，如果我能卖水给他们，或许能赚到比挖金子更多的钱。于是亚摩尔开始挖渠引水，被引来的水经过过滤之后，变成了清凉可口的饮用水，受到淘金者的欢迎。很快亚摩尔就成了当地的富翁，而那些淘金者依旧还在辛苦地挖金子。此例又一次告诉我们，学会放弃，选择最适合自己的道路，才可能取得成功。

所谓放弃，是指为了长远的、远大的目标或利益而放弃眼前的一点小利益。学会放弃，就是要学会这种拿得起放得下的精神，放弃并不等于丧失，而是为了更好地拥有。我们必须明白，人生就是一个不断放弃而又不断获得的循环往复的过程。我们放弃了团聚，便有了千里之行；我们放弃了侥幸，便有了事业的成功；我们放弃了安逸，便有了精彩的人生……放弃已经超越了失去的含义，升华成了一种生存的艺术。只有豁达的人才懂得"舍"与"得"的哲理。

我们生活在瞬息万变、诱惑四伏的社会里，有经历的人都清楚，每一次探索并不是都能取得圆满的成功，每一步跋涉并不是都能抵达胜利的彼岸，每一滴汗水并不是都能得到理想的收获，每一个故事并不是都能有美丽的结局。也许经过放弃，你就会在失败、迷茫、苦闷时找到平衡点，找回自己的人生坐标。